21 世纪全国应用型本科土木建筑系列实用规划教材

U0204573

土力学(第 2 版,

主　编　肖仁成　周　晖
副主编　陈文昭　孙建超　杨　蕊
主　审　袁聚云

北京大学出版社
PEKING UNIVERSITY PRESS

内 容 简 介

本书依据国家最新相关规范及教学要求编写。本书共 8 章，主要内容包括绪论、土的物理性质及工程分类、土的基本工程力学性质、土的抗剪强度理论、地基中应力计算、地基的变形计算、地基承载力理论、土压力理论和边坡稳定分析。本书附录附有土力学实验，另外还介绍了 Visual Basic 6.0 的基本知识和地基承载力计算源程序。本书强调精简、实用和实践性，也注重介绍基本的理论知识。

本书可作为高等院校土木工程专业(建工、岩土、水利、交通、道路与桥梁、铁道等各个专业方向)的教材，也可作为相关专业工程技术人员的技术参考用书。

图书在版编目(CIP)数据

土力学/肖仁成，周晖主编. —2 版. —北京：北京大学出版社，2014.1

(21 世纪全国应用型本科土木建筑系列实用规划教材)

ISBN 978-7-301-23669-7

Ⅰ. ①土… Ⅱ. ①肖…②周… Ⅲ. ①土力学—高等教育—教材 Ⅳ. ①TU43

中国版本图书馆 CIP 数据核字(2013)第 316990 号

书　　　　名：	土力学(第 2 版)
著作责任者：	肖仁成　周　晖　主编
策 划 编 辑：	卢 东　吴 迪
责 任 编 辑：	卢 东
标 准 书 号：	ISBN 978-7-301-23669-7/TU·0381
出 版 发 行：	北京大学出版社
地　　　　址：	北京市海淀区成府路 205 号　100871
网　　　　址：	http://www.pup.cn　新浪官方微博：@北京大学出版社
电　　　　话：	邮购部 62752015　发行部 62750672　编辑部 62750667　出版部 62754962
电 子 信 箱：	pup_6@163.com
印 刷 者：	北京京华虎彩印刷有限公司
经 销 者：	新华书店
	787 毫米×1092 毫米　16 开本　12.75 印张　285 千字
	2006 年 1 月第 1 版
	2014 年 1 月第 2 版　2018 年 1 月第 3 次印刷
定　　　　价：	25.00 元

第 2 版前言

本书自 2006 年第 1 版出版以来，经有关院校教学使用，市场反映良好。为了更好地开展教学，适应教学研究型大学的大学生学习的要求，秉承培养卓越土木工程师的宗旨，我们对本书进行了修订。

这次修订主要做了以下工作。

1. 对全书的版式进行了全新的编排，增加了教学要点、技能要点、引例、应用实例和实例分析，并增补了部分新的内容。

2. 修改了第 1 版中的差错。

经修订，本书具有以下特点。

1. 编写体例新颖。修订时借鉴了其他优秀教材的写作思路、写作方法以及章节安排，编排清新活泼、图文并茂，内容深入浅出，以适合当代教学。

2. 注重人文、环境与科技结合渗透。通过对相关知识的历史、实例、理论来源等的介绍，增强教材的可读性，提高学生的人文素养和环保知识。

3. 注重相关课程的关联融合。明确知识点的重点和难点，注意"土力学"与"工程地质"、"流体力学"、"材料力学"等课程的关联性，做到新旧知识内容的融合和综合运用。

4. 注重知识拓展应用可行。强调锻炼学生的思维能力以及运用概念解决问题的能力。在编写过程中有机融入最新的实例以及操作性较强的案例，以应用实例或生活类比案例来引出全章的知识点，从而提高教材的可读性和实用性，培养学生的职业意识和执业能力。

5. 注重知识体系实用有效。以学生就业所需的专业知识和操作技能为着眼点，既强调基础知识与理论体系的完整性，也着重讲解应用型人才培养所需的内容和关键点，突出实用性和可操作性。

本书绪论及第 1、2、3 章和附录由南华大学肖仁成和周晖修订，第 4 章由南京工程学院张雪颖和新乡学院杨蕊修订，第 5、7 章由郑州升达经贸管理学院孙建超修订，第 6 章由武汉科技大学俞晓和南华大学陈文昭修订，第 8 章由湖南工业大学祝方才修订，全书由肖仁成统稿，袁聚云主审。

对于本书存在的不足之处，欢迎广大同行批评指正。

编　者
2013 年 10 月

第 1 版前言

随着高等教育规模的扩大及土木工程专业的高等教育的改革，土木工程专业的课程体系和学时不断完善和调整。同时，《土力学》的内容在近几年也有了较快的发展，各种岩土工程新的施工方法和地基处理方法也在不断出现，它促使《土力学》的理论不断更新和发展以及内容不断增加。一方面专业课学时在减少，而另一方面内容在不断地增加。因此，这就迫使各个有关高等院校都在探索教材的更新。尽管在国家规范《建筑地基基础设计规范》(GB50007—2002)颁布以后，相继出现了《土力学》与《基础工程》的多种版本，但是，由于我国高等学校数量较多，各类本科高等学校的水平层次相差也较大，因而普遍感到可供选择的教材及参考书目仍嫌不足。许多地方院校在北京大学出版社组织的全国土木类教材编写研讨会上强烈要求尽快出版实用性较强的土木类本科教材和教学科研参考书，以便于学生和工程人员尽快以较少的时间掌握其基本理论。

K.Terzaghi 等人在创立《土力学》时就强调其实践性，这也是《土力学》这一学科的独有特点。作者就是在上述基础上，根据自己几十年以来的教学与科研经验，按照上述要求来撰写本书的。

本书的宗旨就是突出其工程实践性，同时也注意基本理论的阐述。既考虑其工程需要，也考虑青年土木工程师将工程经验上升为理论总结的要求。同时，结合作者从事岩土工程的教学与科研的实践，对于人们特别容易混淆的一些概念和在工程处理中容易出现的错误，予以特别的强调。

因为土力学与其他工程力学的差异比较大，本书尽量做到将与材料力学与弹性力学有关的知识放在书的前面进行讲授。对一些工程应用中很重要的数理知识与理论公式尽量在书中有所反映，以便读者在以后的继续深造过程中有所准备，也希望如此能反映循序渐进的学习规律。

考虑到计算机技术的发展及以后计算机在工程管理和岩土工程原位测试中的重要性，本书尽量采用简明扼要的"幻灯片"式的叙述方式，以使读者一目了然。同时对 Visual Basic 语言进行了适当介绍，并提供了部分源程序，以提高读者在这一方面的兴趣。并希望有兴趣的读者能很快用 Visual Basic 语言写出工程报告、掌握模数转换等测试技术工作中的编程知识，也期望土力学中会慢慢地去掉大量查表的方法而改用计算机软件进行计算。这些小程序，以后我们可以以工具的方式将它挂在各种大型土木工程设计与施工软件(如 PKPM)上。

如果本书能达到上述要求，作者们真的是十分欣慰。但是由于作者们的学识有限，可能很多方面未能尽如人意，敬请谅解！同时也希望广大读者和土木界各位同仁对书中的各处谬误予以指正。

本书共分 8 章，其中绪论及第 1、2、3、7 章和附录由南华大学肖仁成编写；第 4 章和第 5 章由南京工程学院张雪颖编写；第 6 章由武汉科技大学俞晓编写；第 8 章由株洲工学

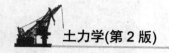

院祝方才编写。全书集体讨论 3 次，由俞晓和祝方才负责组织，全书由肖仁成负责统编，由同济大学博士生导师袁聚云任主审。

最后，在本书的出版工作中，得到了北京大学出版社的大力协助，在此一并表示感谢！

编　者
2005 年 12 月

目　　录

绪　　论

1. 土力学、地基和基础的概念

土力学可以说既是一门古老的工程技术，又是一门很年轻的学科。土力学真正发展起来是 20 世纪 20 年代以后的事情。在学习土力学时，应注意下述名词，这些名词是在工程实践中容易混淆的基本概念。

(1) 土力学：用力学知识和土工测试技术，研究土的物理、力学性质，土的变形及其强度的一门学科。土力学是土木工程学科中的一门基础学科，是工程力学的一个分支，它的一个突出特点是实践性。

(2) 地基：基础下面支承建筑物全部重量的地层，称为建筑物的地基。

(3) 天然地基：没有经过人工加固处理的地基。

(4) 人工地基：经过人工加固处理后的地基。

(5) 基础：直接与地基接触，并把上部结构的荷载传给地基的那一部分地下结构，称为基础。

(6) 浅基础：埋深 $d<5m$ 的基础。它采用普通的施工方法就能达到目的。它包括单独基础、扩展基础、条形基础、交叉梁基础、筏板和箱形基础等。

(7) 深基础：$d>5m$ 的基础。需要采用特殊的施工方法，常见的形式有桩、墩、沉井、地下连续墙等。

建筑物的地基、基础和上部结构三部分，彼此联系，相互制约，共同工作。地基及基础的示意图如图 0.1 所示。

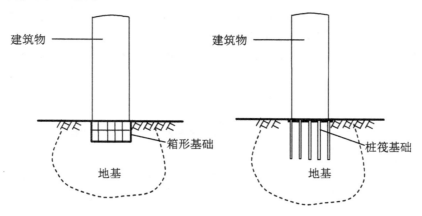

图 0.1　地基及基础示意图

2. 学科发展概况

土力学的发展概况与基本组成内容见表 0-1。

表 0-1　土力学的发展和基本组成内容

学　者	国家	时间	内　容	特　点
库伦(C.A.coulomb)	法国	1773	砂土的抗剪强度理论 $\tau = \sigma \tan\varphi$	铁路时代、实践性
		1776	挡土墙土压力理论	
达西(Darcy)	法国	1856	达西定律($V=Ki$)	砂土的透水性
朗肯(W.J.M.Rankine)	英国	1857	土压力理论	简明的理论公式
文克勒(E.Winkler)	捷克	1867	文克勒地基模型	地基沉降计算
布辛奈斯克(J.Boussinesq)	法国	1885	弹性半空间在竖向集中力作用下的数学解	地基变形计算的基本工具
费伦纽斯(W.Felenius)	瑞典	1922	土坡稳定分析方法	极限平衡理论
太沙基(K.Terzaghi)	美国	1925	发表《土力学》	超孔隙压力、有效应力原理
		1929	发表《工程地质学》	

计算机技术的发展，使得土力学理论、试验技术及原位测试技术得以飞速发展

3. 学科特点和学习要求

土是岩石风化产物经各种地质作用搬运、沉积而成，是一种由固态、液态和气态物质组成的三相体系。其特点是受环境条件变动的影响，这些影响包括大环境(如污染)和小环境(施工、人工活动)的影响。

土类特殊性——区域性特征(黄土，冻土，软土，红粘土……)决定了我们在工程中的态度应该实事求是，并注意培养自己的综合素质，同时也应该十分重视实践的重要性。一切理论计算结果只能作为一种参考手段，经验的积累显得特别重要。同样地，一切试验和原位测试结果也只能作为岩土工程中设计与施工过程中的一种参考依据。因此，综合分析问题能力的培养、理论模式的假定条件和工程实践的差别的分析能力、试验技术的研究以及已有的地区工程经验的积累都是很重要的。

本课程涉及工程地质学、土力学、结构设计和施工等多种学科及土木建筑工程的各个领域。

关系最为密切的学科及课程主要如图 0.2 所示。

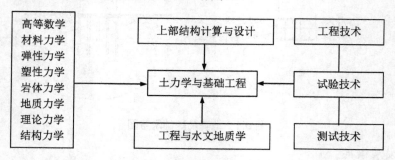

图 0.2　土力学与其他学科的关系示意图

4. 学科研究热点

目前本学科需要进一步研究的问题主要有以下一些方面，随着工程规模的进一步扩大，还会有许多新的问题出现。

(1) 土的本构关系。

(2) 土动力学。

(3) 桩基。

(4) 深基坑开挖与支护。

(5) 土工合成材料。

(6) 地基处理。

(7) 离心模型。

(8) 概率论在土工中的应用。

(9) 勘探技术。

(10) 环境岩土工程。

(11) 计算机技术的应用，包括原位测试技术和计算机仿真技术等。

第 1 章

土的物理性质及工程分类

教学要点

知识要点	掌握程度	相关知识
工程地质基础	(1) 掌握地层地质年代的概念 (2) 掌握地质构造与沉积环境的概念	工程地质基础
土的物理性质	(1) 粘性土的物理性质 (2) 无粘性土的物理性质 (3) 土的三相比例指标	(1) 土的颗粒级配 (2) 土的物理特征
土的工程分类	(1) 土颗粒大小与土的工程性质的关系 (2) 土的工程分类	(1) 土的地质年代与工程性质 (2) 土的工程分类原则

技能要点

技能要点	掌握程度	应用方向
土的工程分类	(1) 熟练掌握土的物理性质 (2) 熟练掌握土的工程分类	(1) 工程勘察地质编录 (2) 土木工程设计与施工

基本概念

地质构造、土的物理性质、土的颗粒级配、土的工程分类

引例

随着现代科学技术的发展，超高层建筑物越来越多，如图为建造中的迪拜塔，高度达到 828m。而高铁的出现，地铁的深度和规模的扩大，过江隧道和跨海隧道的建造，都对我们的设计和施工技术提出了更高要求。当今，先进的结构理论，高效的计算技术，独特的试验设备，新型的施工技术以及高强、轻质的材料，为建筑物规模的突破创造了有利条件。实质上，建筑物高度规模的竞争既显示了各个国家的经济和政治实力，同时，又显示了人类智慧的高度发挥。

万丈高楼平地起，无论多么复杂的工程设计与施工，都要求我们对这些工程的复杂的地质环境有深入地了解。

1.1 工程地质概述

为了解土的成因及其物理力学性质，我们有必要回顾一下有关的工程地质关于岩石、矿物、地质构造和地质年代等内容。

1. 岩石

岩浆岩：由从地壳下面喷出的熔融岩浆冷凝而成。埋藏条件为由深到浅；颜色由浅色到深色；种类有花岗岩、正长岩、玄武岩等。其工程性质主要由其矿物成分及成岩环境等因素决定。

沉积岩：母岩破碎物经搬运、沉积，继而又受到压紧、化学物质的胶结、再结晶或硬结等成岩作用再一次形成的岩石，如湖南的红色砂页岩等。

变质岩：母岩或母岩破碎沉积物在高温高压下使原来岩石的结构、构造甚至矿物成分改变，形成新的岩石，如片麻岩等。

2. 矿物

地壳中天然生成的自然元素或化合物，是组成岩石的基本单元。

3. 地质构造

褶皱构造：向斜、背斜。
断裂构造：断层、节理。
这些构造直接影响到所建建筑物的稳定等问题。

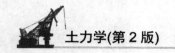

4．地质年代

地壳发展历史与地壳运动、沉积环境及生物演化相应的时代段落。

年代：代、纪、世、期。

岩层：界、系、统、层。

5．第四纪沉积物

(1) 残积物。

岩石风化以后残留于原地的碎屑物质。

(2) 坡积物。

水流将高处的风化岩石缓慢地冲洗、剥蚀，沿着山坡逐渐向下移动，堆积在较平缓的山坡上，形成坡积物。

(3) 洪积物。

洪水冲刷地表并搬运大量的泥砂、石块，堆积于山谷冲沟出口或山前平原形成的堆积物。

(4) 冲积物。

河流流水冲刷两岸基岩及其上覆盖物后，经搬运沉积在河流坡降平缓地带，包括河漫滩、一级阶地、二级阶地等。

(5) 湖泊沉积物。

湖浪冲蚀湖岸而形成的碎屑物质在湖边和湖心沉积的湖泊沉积物。

(6) 海洋沉积物。

海洋沉积物按照在海洋中沉积的位置和颗粒组成可分为滨海沉积物、浅海沉积物、陆坡沉积物、深海沉积物。

1.2 土 的 组 成

地基中的土是由固体颗粒、气体和液体组成的，其物理力学性质与普通固体材料有很大差别。因此，我们应该研究其组成及其相互关系。

1.2.1 土中的固体颗粒

1．土粒大小与工程性质

粗大颗粒：岩石经物理风化作用形成的碎屑或未产生化学变化的矿物颗粒，块状或粒状。粘结力小，表面所带电荷少，搬运路径短。因此，性质简单。

细小颗粒：化学风化作用形成的次生矿物和生成过程中混入的有机物质，片状。粘结力大，搬移路径长，性质复杂，具有很强的与水作用能力。颗粒越小，表面积越大，颗粒表面所带电荷越多，则其与水作用的能力越强。因此，性质复杂。

2．土的颗粒级配

级配良好：颗粒大小排列，空隙小，密实。

级配不良：颗粒均匀，空隙大，松散。

颗粒分析试验方法：筛分法、比重计法、移液管法。

有效粒径 d_{10}：小于某粒径的土粒质量累计百分数为 10% 时相应的粒径。

限定粒径 d_{60}：小于某粒径的土粒质量累计百分数为 60% 时相应的粒径。

不均匀系数：$K_u = d_{60}/d_{10}$。

颗粒分析成果如图 1.1 所示，土样 A 的 d_{60}、d_{10} 示于图 1.1 中。从图中可以看出，土样 A 的颗粒分布比土样 B 的颗粒均匀。

不均匀系数决定着土样的级配、密实程度、透水性等因素。

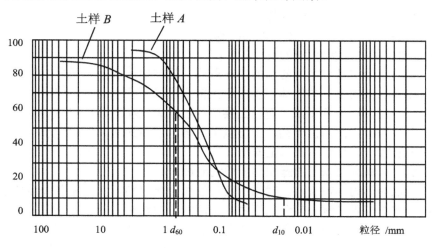

图 1.1　颗粒分析曲线

3. 土粒的矿物成分

土粒的矿物成分主要决定于母岩的成分及其所受的风化作用，不同的矿物成分有着不同的影响，其中以细粒组的矿物成分尤为重要。

漂石、卵石和圆砾的组成主要是岩石碎屑、母岩。

砂粒：多为单矿物、石英。

粉粒：难溶盐颗粒。

粘粒：次生矿物(易发生变化，反应)。

其粘粒的矿物颗粒形状及其晶片构成方式起着决定作用。

粘粒主要由蒙脱石、伊利石和高岭石组成，由于蒙脱石矿物的组成结构不稳定，由其组成的土体也就有着较强的与水作用的能力，工程性质很不稳定。而高岭石矿物本身结构稳定，与水作用能力较弱，由其组成的土体也就结构较稳定，工程性质较好。

很细小的扁平颗粒，其颗粒表面带有电荷，具有很强的与水作用能力。表面积越大，吸附能力越强。

总而言之，土粒大小对土的性质起着决定性作用。

1.2.2　土中的水和气

1. 土中水

土是由固体、液体和气体组成的三相体系，而考虑水的影响特别重要。

1) 结合水

受电分子吸引力吸附于土粒表面的水。

结合水从微观角度可以根据其水分子所受分子引力大小进一步分为固定层和扩散层。

2) 自由水

存在于土粒表面，电场影响以外的水。

(1) 重力水：在重力或压力差下运动的水。

(2) 毛细水：存在于潜水水位以上的透水层中。

上面介绍的是土中颗粒之间的水的存在形式，根据地下水的空间分布形式，地下水可分为承压水和潜水。当土层中的地下水由于上覆土层的不透水性，而使得地下水承受高于大气压力的压力时，称为承压水；而当土层中的水与大气相通时，则称它为潜水。位于表土层的水，一般为潜水；而位于粘性土层以下的含水层中的水，一般为承压水。当开挖到含承压水的土层时，应特别注意施工安全。

含水土层中，其水面以上的湿润部分即为毛细水。

上述土中水的不同存在状态，对土的工程性质影响差别很大，随着今后的学习和工程实践，我们会有更深入了解。但我们还要特别注意土中水对人类生存环境的影响，土中水和土层具有储藏太阳能和释放太阳能的功能，同时也有着储藏大气中的水(下雨)和把水释放(蒸发)到大气中的功能。这些功能，在我们过去的城市规划设计和工程施工中没有引起足够重视，以至现在的城市与同一地区的山区温差达5℃以上，晚上温差可能更大。人们觉得冬天越来越冷，夏天越来越热，使得我们的城市环境与月球等没有土层覆盖的星球一样相似的"死环境"。作为一名合格的土木工程师，我们有责任把城市建设成能呼吸、会吞吐的"活风水"。

2. 土中气

当不透水性土层中气体为封闭气泡时，土体表现为弹性和不透水性。在填土施工时，一般表现为"橡皮土"，因此在粘性土作填料时一般要掺入透水性较好的砂土。

高压缩性土层中一般可能存在可燃气体，施工时也应加以注意。

在进行人工挖孔桩基施工或打井时，还应注意防止由于深部土层致密、干燥、土中气体较少(缺氧)导致安全事故，此时应采取较好的向孔内通风的措施。

土中气体也会影响土体的力学性质，在某些特殊情况下，也应加以注意。

1.2.3　土的结构和构造

根据土颗粒的大小、形状、表面特征、相互排列和联结关系，一般把土的结构分为单粒结构、蜂窝结构和絮状结构。

土体在空间的分布形式和相互组合排列关系称为土的构造。一般有层理构造、裂隙构造和分散构造。

1.3　土的物理性质指标

土的松散与密实程度，主要取决于土的三相各自在数量上所占的比例。也就是说，我们从工程力学的角度研究土的物理力学性质，就必然要研究土的三相比例关系。

1.3.1　土的三相图

为便于说明和计算土的物理性质指标，采用如图 1.2 所示的土的三相组成比例示意图。从三相组成比例图中，可得到土中各部分质量之间和体积之间的基本关系为

$$V = V_w + V_a$$
$$V = V_s + V_w + V_a$$
$$= V_s + V_v$$
$$\omega = \omega_s + \omega_w$$

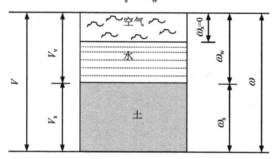

图 1.2　土的三相组成比例示意图

1.3.2　土的基本物理指标

1. 土的天然重度 γ

土在天然状态时单位体积的重力称为土的重度，即

$$\gamma = \omega / V = (\omega_s + V_w \gamma_w) / V \quad (\text{kN/m}^3) \tag{1-1}$$

一般土的重度为 $16 \sim 20\,\text{kN/m}^3$；水的重度为 $9.8\,\text{kN/m}^3$（一般取 $10\,\text{kN/m}^3$）。

2. 土粒比重 d_s

同体积的土粒与 $4℃$ 时水的重力之比，称为土粒相对密度，也称土粒比重，即

$$d_s = W_s / (V_s \gamma_w) \tag{1-2}$$
$$d_s = 2.6 \sim 2.8$$

3. 土的天然含水率 ω

土中水的重力和土粒的重力之比称为土的含水率，用百分数表示为

$$\omega = \omega_\text{w} / \omega_\text{s} \times 100\% \tag{1-3}$$

$$\omega = 16\% \sim 60\%$$

1.3.3 土的其他物理指标

1. 饱和土的重度 γ_sat

土中孔隙 V_V 全被水充满时，单位体积的重力称为饱和土的重度，或称饱和土重度，即

$$\gamma_\text{sat} = (W_\text{s} + V_\text{v} \, \gamma_\text{w}) / V \quad (\text{kN/m}^3) \tag{1-4}$$

2. 干土的重度 γ_d

土中无水时，单位体积的重力称为干土的重度，

$$\gamma_\text{d} = W_\text{s} / V \quad (\text{kN/m}^3) \tag{1-5}$$

3. 水下土的重度 γ'

在地下水位以下的土，由于受到水的浮力作用，使土的重力减轻，土受到的浮力即等于同体积的水重力 $V \gamma_\text{w}$。水下土的重度为

$$\gamma' = (W_\text{s} + V_\text{v} \, \gamma_\text{w} - V \gamma_\text{w}) / V = \gamma_\text{sat} - \gamma_\text{w} \quad (\text{kN/m}^3) \tag{1-6}$$

水下土的重度又称为土的有效重度或浮重度。在工程计算中，常常要用到土的天然重度和浮重度来计算土的自重应力。

4. 土的孔隙率 n

土中孔隙体积与土的体积之比称为孔隙率，即

$$n = V_\text{v} / V \times 100\% \tag{1-7}$$

5. 土的孔隙比 e

土中孔隙体积与土粒体积之比称为土的孔隙比，即

$$e = V_\text{v} / V_\text{s} \tag{1-8}$$

$e < 0.60$ ——土是密实的，低压缩性。

$e > 1.0$ ——土是疏松的，高压缩性。

6. 土的饱和度 S_r

土中水的体积和孔隙体积之比称为土的饱和度，即

$$S_\text{r} = V_\text{w} / V_\text{v} \times 100\% \tag{1-9}$$

土的饱和度反映了土的潮湿程度，当土是完全饱和时，$S_\text{r} = 100\%$；当土是干土时，$S_\text{r} = 0$。

1.3.4 基本物理指标与其他物理指标的关系

若假设 $V_\text{s} = 1.0$(也可设其他指标为 1.0)，则土的三相组成比例示意图变为如图 1.3 所示。

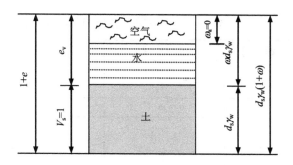

图 1.3　土的三相组成比例示意图

$$V_\mathrm{v} = V - V_\mathrm{s}$$
$$\qquad = d_\mathrm{s}\gamma_\mathrm{w}(1+\omega)/\gamma - 1$$
$$V = \omega/\gamma = d_\mathrm{s}\gamma_\mathrm{w}(1+\omega)/\gamma$$

于是

$$e = V_\mathrm{v}/V_\mathrm{s}$$
$$\quad = d_\mathrm{s}\gamma_\mathrm{w}(1+\omega)/\gamma - 1$$
$$\qquad = (\omega_\mathrm{s} + V_\mathrm{v}\gamma_\mathrm{w})/V = (d_\mathrm{s} + e)\gamma_\mathrm{w}/(1+e)$$
$$\gamma_\mathrm{d} = \omega_\mathrm{s}/V$$
$$\quad = d_\mathrm{s} + \gamma_\mathrm{w}/(1+e)$$
$$\gamma_\mathrm{d} = (\omega_\mathrm{s} + \omega_\mathrm{w} - \omega_\mathrm{w})/V$$
$$\quad = \gamma - \omega\omega_\mathrm{s}/V$$

即

$$\gamma_\mathrm{d} = \gamma - \omega\gamma_\mathrm{d}$$

所以

$$\gamma_\mathrm{d} = \gamma/(1+\omega)$$
$$\gamma' = \gamma_\mathrm{sat} - \gamma_\mathrm{w}$$
$$\quad = [d_\mathrm{s}\gamma_\mathrm{w} + V_\mathrm{v}\gamma_\mathrm{w} - (V_\mathrm{v} + V_\mathrm{s})\gamma_\mathrm{w}]/(1+e)$$
$$\quad = (d_\mathrm{s}\gamma_\mathrm{w} - \gamma_\mathrm{w})/(1+e)$$
$$n = V_\mathrm{v}/V = e/(1+e)$$
$$n = V_\mathrm{v}/V$$
$$\quad = (V - V_\mathrm{s})/V_\mathrm{v} = 1 - 1/V$$
$$\quad = 1 - 1/(1+e) = 1 - \omega/V/\omega$$
$$\quad = 1 - \gamma/(d_\mathrm{s}\gamma_\mathrm{w}(1+\omega))$$
$$S_\mathrm{r} = V_\mathrm{w}/V_\mathrm{v} = d_\mathrm{s}\omega/e$$

　　按照上述方法，不难得出三个基本指标与其他指标之间的关系式。因此，只要用试验的方法得到三个基本指标，就可计算出其他所有指标，其关系式见表 1-1。

表 1-1 土的三相组成比例指标换算公式

指 标	符 号	表 达 式	常用换算公式	常用单位
土粒比重	d_s	$d_s = \dfrac{\omega_s}{V_s \gamma_w}$	$d_s = \dfrac{S_r e}{\omega}$	
密度	ρ	$\rho = m/V$		t/m^3
重度	γ	$\gamma = \rho g$ $\gamma = \omega/V$	$\gamma = \gamma_d (1+\omega)$ $\gamma = \dfrac{\gamma_w (d_s + S_r e)}{(1+e)}$	kN/m^3
含水量	ω	$\omega = \dfrac{W_w}{W_s} \times 100\%$	$\omega = \dfrac{S_r e}{d_s}$ $\omega = \dfrac{\gamma}{\gamma_d} - 1$	
干重度	γ_d	$\gamma_d = \dfrac{W_s}{V}$	$\gamma_d = \dfrac{\gamma}{1+\omega}$, $\gamma_d = \dfrac{\gamma_w d_s}{1+e}$	kN/m^3
饱和重度	γ_{sat}	$\gamma_{sat} = \dfrac{W_s + V_v \gamma_w}{V}$	$\gamma_{sat} = \dfrac{(d_s + e)\gamma_w}{1+e}$	kN/m^3
有效重度	γ'	$\gamma' = \dfrac{\omega_s - V_s \gamma_w}{V}$	$\gamma' = \dfrac{(d_s - 1)\gamma_w}{1+e}$, $\gamma' = \gamma_{sat} - \gamma_w$	kN/m^3
孔隙比	e	$e = \dfrac{V_v}{V_s}$	$e = \dfrac{\gamma_w d_s (1+\omega)}{\gamma} - 1$ $e = \dfrac{\gamma_w d_s}{\gamma_d} - 1$	
孔隙率	n	$n = \dfrac{V_v}{V} \times 100\%$	$n = \dfrac{e}{1+e}$ $n = 1 - \dfrac{\gamma_d}{\gamma_w d_s}$	
饱和度	S_r	$S_r = \dfrac{V_w}{V_v} \times 100\%$	$S_r = \dfrac{\omega d_s}{e}$ $S_r = \dfrac{\omega \gamma_d}{n \gamma_w}$	

【例 1.1】 某原状土样经试验测得土的天然重度 $\gamma = 18.62\,kN/m^3$，$d_s = 2.69$，$\omega = 29\%$，求 e、n、S_r、γ_{sat}、γ_d、γ'。

【解】

$$e = d_s \gamma_w (1+\omega)/\gamma - 1$$
$$= 2.69 \times 10 \times (1+0.29)/18.62 - 1 = 0.863$$
$$n = e/(1+e)$$
$$= 0.863/(1+0.863) = 46.3\%$$
$$S_r = d_s \omega / e$$
$$= 2.69 \times 0.29/0.863$$
$$= 90.4\%$$

$$\gamma_{sat} = (\omega_s + V_v\gamma_w)/V$$
$$= (d_s + e)\gamma_w/(1+e)$$
$$= (2.69 + 0.863) \times 10/(1+0.863)$$
$$= 19.07 \text{ kN/m}^3$$
$$\gamma_d = \gamma/(1+\omega) = 18.62/(1+0.29)$$
$$= 14.43 \text{ kN/m}^3$$
$$\gamma' = \gamma_{sat} - \gamma_w$$
$$= 19.07 - 10$$
$$= 9.07 \text{ kN/m}^3$$

1.3.5 无粘性土的密实度

无粘性土(Cohesion-less Soil)一般指碎石土、砂土等。如果土是松散的，则意味着压缩性与透水性高，因而强度低。如果土是密实的，则意味着压缩性小，强度高。

相对密实度

$$D_r = \frac{e_{max} - e}{e_{max} - e_{min}} = \frac{(\gamma_d - \gamma_{dmin})\gamma_{dmax}}{(\gamma_{dmax} - \gamma_{dmin})\gamma_d} \tag{1-10}$$

$D_r = 0$，$(e - e_{max})$，土松散。

$D_r = 1$，$(e = e_{min})$，土密实。

工程上常用标准贯入击数 N 来描述土层的密实程度。

$0.67 < D_r \leqslant 1.0$，密实，$N > 30$。

$33 < D_r \leqslant 0.67$，中密，$15 < N \leqslant 30$；稍密，$10 < N \leqslant 15$。

$0 < D_r \leqslant 0.33$，松散，$N \leqslant 10$。

1.3.6 粘性土的物理特征

颗粒大小决定着颗粒表面与水作用能力的大小，因此 ω 不同，其土的工程性质也不同。

1. 界限含水量

粘性土从一种状态转变为另一种状态的分界含水量称为界限含水量，包括缩限 ω_s、塑限 ω_p 和液限 ω_l。这些界限含水量的含义、状态和土中水的相应形式如图 1.4 所示。

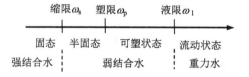

图 1.4 粘性土界限含水量示意图

2. 塑性指数与液性指数

$$I_p = \omega_l - \omega_p \tag{1-11}$$
$$I_l = (\omega - \omega_p)/I_p \tag{1-12}$$

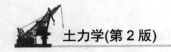

塑性指数 I_p 反映了粘性土中粘粒的含量，I_p 越大，则粘粒含量越多，土越粘性，其土的粘聚力 C 越大。因此，工程上常常按照塑性指数 I_p 来划分粘性土的类别。

液性指数则反映土中含水量的状态。

$$I_l \leqslant 0 \text{——坚硬状态}$$
$$0 < I_l \leqslant 1.0 \text{——可塑状态} \Rightarrow \begin{cases} 0 < I_l \leqslant 0.25 \text{ 硬塑} \\ 0.25 < I_l \leqslant 0.75 \text{ 可塑} \\ 0.75 < I_l \leqslant 1.0 \text{ 软塑} \end{cases}$$
$$I_l > 1.0 \text{——流塑状态}$$

3. 粘聚力(内聚力)

库伦(Coulomb)砂土抗剪强度理论：$\tau = \sigma \tan \varphi$

后来人们发现，对于粘性土：$\tau = \sigma \tan \varphi + C$

$$C = \text{原始粘聚力} \quad + \quad \text{固化粘聚力} \quad + \quad \text{毛细粘聚力}$$
$$\text{(土粒间分子引力) (化学胶结作用)} \quad \text{(毛细水压力)}$$

淤泥或淤泥质土：$C = (5 \sim 15) \text{ kN/m}^2$

粘土：$C = (10 \sim 50) \text{ kN/m}^2$

4. 灵敏度

粘性土天然结构破坏前后的抗压强度的比值称为土的灵敏度 S_t，即

$$S_t = q_u/q_o$$

其中 q_u 为原状土的无侧限抗压强度；q_o 为具有与原状土相同密度和含水量，但结构完全破坏的土(重塑土)的无侧限抗压强度。

$1 < S_t \leqslant 2$：低灵敏度。

$2 < S_t \leqslant 4$：中灵敏度。

$S_t > 4$：高灵敏度。

S_t 较大的土，土的结构性就强(打入桩试桩一般要求 $2 \sim 3$ 周以后，就是由于土的结构性恢复)。

高灵敏度土施工扰动后无侧限抗压强度 q_o 下降较多，施工时，要特别注意使灵敏度大的土的结构不受破坏，因此施工中应注意"脚板泥"、超挖等问题。

【例1.2】 某城市的粘性土层，在场地甲取土试验，其液限为38.0%，塑限为23.0%，天然含水量为26.5%，在场地乙取土试验，其液限为36.0%，塑限为22.0%，天然含水量为26.5%，试问哪一场地的土的工程性质较好。

【解】

场地甲

$$I_p = \omega_l - \omega_p = 38 - 23 = 15$$
$$I_l = \frac{\omega - \omega_p}{\omega_l - \omega_p} = \frac{0.265 - 0.230}{0.15} = 0.23$$

场地乙

$$I_p = \omega_l - \omega_p = 36.0 - 22.0 = 14$$
$$I_l = \frac{\omega - \omega_p}{\omega_l - \omega_p} = \frac{0.265 - 0.220}{0.14} = 0.32$$

场地甲粘性土层处于硬塑状态，场地乙粘性土层处于可塑状态，因此，场地甲的粘性土层的工程性质较好。

1.4 土的工程分类

从前面的叙述，我们知道土的颗粒组成是决定土的工程性质的主要因素，因为它决定了其与土中水的作用方式。为此我国工程上主要依据土的颗粒组成和颗粒形状进行分类，以便于研究其工程力学性质。我国《建筑地基基础设计规范》(GB 50007—2011)将土分为岩石、碎石土、砂土、粉土、粘性土和人工填土。工程中遇到的还有一些特殊土，如淤泥、红粘土、膨胀土和湿陷性黄土等，通常把它们与人工填土都归于特殊土一类中。

1. 岩石

在工程中，岩石的分类一般有如下两种方式。

(1) 按风化程度分。

强风化：岩石结构构造不清楚，岩体层理不清晰。

中风化：岩石结构构造及层理清晰，用镐较难挖掘。

微风化：岩质新鲜，层理清晰，难挖掘。

(2) 按软硬程度分。

软质岩石：如页岩、粘土岩等，其单轴抗压强度小于 30MPa。

硬质岩石：如花岗岩、闪长岩、石灰岩等，其单轴抗压强度大于 30MPa。

对于评判岩石的工程力学性质，其破碎程度也是主要考虑的一个重要因素，其评判方法，可以参考相关的国家建筑规范。

2. 碎石土

碎石土是粒径大于 2mm 的颗粒超过全重 50%的土，见表 1-2。在工程上，其分类主要根据其颗粒大小和颗粒形状。

表 1-2 碎石土的分类

土的名称	颗粒形状	粒组含量
漂石 块石	圆形及亚圆形为主 棱角形为主	粒径大于 200mm 的颗粒超过全重 50%
卵石 碎石	圆形及亚圆形为主 棱角形为主	粒径大于 20mm 的颗粒超过全重 50%
圆砾 角砾	圆形及亚圆形为主 棱角形为主	粒径大于 2mm 的颗粒超过全重 50%

这类土主要采用重型圆锥动力触探试验指标来评判其工程性质，见表 1-3。

表 1-3 碎石土的密实度

重型圆锥动力触探锤击数	密　实　度
$N_{63.5}\leqslant5$	松散
$5<N_{63.5}\leqslant10$	稍密
$10<N_{63.5}\leqslant20$	中密
$N_{63.5}>20$	密实

3. 砂土

砂土是粒径大于 2mm 的颗粒含量不超过全重 50%、粒径大于 0.075mm 的颗粒含量超过全重 50%的土，见表 1-4。

表 1-4 砂土的分类

土的名称	粒组含量
砾砂	粒径大于 2mm 的颗粒含量超过全重 25%～50%
粗砂	粒径大于 0.5mm 的颗粒含量超过全重 50%
中砂	粒径大于 0.25mm 的颗粒含量超过全重 50%
细砂	粒径大于 0.075mm 的颗粒含量超过全重 85%
粉砂	粒径大于 0.075mm 的颗粒含量超过全重 50%

工程上，这类土主要采用标准贯入试验锤击数 N 指标来评判其工程性质，见表 1-5。

表 1-5 砂土的密实度

标准贯入试验锤击数 N	密　实　度
$N\leqslant10$	松散
$10<N\leqslant15$	稍密
$15<N\leqslant30$	中密
$N>30$	密实

4. 粉土

粉土是颗粒直径介于砂土与粘性土之间，塑性指数 $I_p\leqslant10$ 且粒径大于 0.075mm 的颗粒(粘粒)含量不超过全重 50%的土。

5. 粘性土

粘性土按颗粒组成可分为粉质粘土和粘土，见表 1-6。

表 1-6 粘性土的分类

塑性质数 I_p	土　名　称
$10<I_p\leqslant17$	粉质粘土
$I_p>17$	粘土

粘性土按沉积年代可分为老粘性土、一般粘性土和新近沉积粘性土。

6. 特殊土

(1) 软土。

淤泥：$e \geq 1.5$ 且 $I_l \geq 1$。

淤泥质土：$1.0 \leq e < 1.5$ 且 $I_l \geq 1$。

特点：含水量高，压缩性大，强度低。

(2) 人工填土。

按物质组成分为素填土、杂填土、冲填土。

按年代分为

老填土：5～10 年。

新填土：<5 年。

(3) 湿陷性土。

土体在一定压力下受水浸湿产生湿陷变形量达到一定数值的土，如西北黄土。

(4) 红粘土。

分布于云南、贵州、广西等省的一种红色高塑性粘性土。液限大于 50%，上硬下软。

(5) 膨胀土。

粘粒成分主要由亲水性粘土矿物(蒙脱石和伊里石)所组成的粘性土。

特点：吸水膨胀，失水收缩。

(6) 多年冻土。

(7) 混合土。

(8) 盐渍土。

(9) 污染土。

学习土的工程分类，对于今后的工程实践十分重要。因为在各种岩土工程实践中，设计或施工之前，都要对工程的地质条件进行充分了解。只有在工程勘察报告中对工程场地的土层进行详细描述和研究，才能针对不同的土层做出合理的设计施工方案。

【例1.3】 某土样的液限为38.6%，塑限为23.6%，天然含水量为27%，问该土名称是什么，处于何种状态？

【解】

已知 $\omega_l = 38.6\%$，$\omega_p = 23.6\%$，$\omega = 27\%$，

则

$$I_p = \omega_l - \omega_p = 38.6 - 23.6 = 15$$

$$I_l = \frac{\omega - \omega_p}{\omega_l - \omega_p} = \frac{0.270 - 0.236}{0.15} = 0.23$$

所以该土为粉质粘土，处于硬塑状态。

本 章 小 结

本章主要介绍土木工程中关于岩土的基本的物理力学性质指标，土的三相比例指标及其之间的相互关系和土的工程分类等内容。通过本章学习，可以加深对土工程性质的理解，应该好好掌握工程地质中关于土的成因和地质构造等基本概念，能够熟练运用三相比例指标之间的基本关系来研究土的工程力学性质，对土进行工程分类。

习 题

1. 试证明

$$\gamma_d = \frac{\gamma}{1+\omega} = \frac{\gamma_w d_s}{1+e}$$

2. 土样 A 和土样 B，其性质指标见表 1-7。

表 1-7 土样 A 和土样 B 的性质指标

土的性质指标	土样 A	土样 B
液限 ω_l	35%	16%
塑限 ω_p	17%	11%
含水量 ω	22%	14%
土粒相对密度 d_s	2.73	2.68
饱和度 S_r	95%	95%

试判断下列说法是否正确？

(1) A 土样含有的粘土颗粒比 B 土样的多。　　　　　　　　　　　　　　（　　）

(2) A 土样的干重度比 B 土样的干重度大。　　　　　　　　　　　　　　（　　）

(3) A 土样的孔隙比比 B 土样的孔隙比大。　　　　　　　　　　　　　　（　　）

3. 从地下水位以下取出某原状土样，测得天然含水量 ω=33%，土粒相对密度 d_s=2.70，ω_l=37%，ω_p=21%。求：e，γ_d，γ_{sat}，并确定土名称和土的物理状态。

4. 某天然砂层，含水量为 13%，由试验求得该砂土最小干重度为 12kN/m³，最大干重度为 16.6 kN/m³，γ=14.7kN/m³ 该砂土处于何种状态？

第 $\mathcal{2}$ 章

土的基本工程力学性质

知识要点	掌握程度	相关知识
土的渗透性质	(1) 掌握水平向与竖直向渗透系数的推导 (2) 掌握渗透力的概念 (3) 渗流引起的工程问题	(1) 达西定律 (2) 流土与管涌 (3) 渗透破坏的防治
二维渗流与流网	(1) 了解二维渗流方程的建立与求解 (2) 掌握二维渗流方程的解的意义 (3) 掌握流网的绘制原则	(1) 二维渗流运动微分方程 (2) 流网的绘制方法
土的压缩性	(1) 重点掌握土的压缩指标 (2) 掌握土的压实原理	(1) 土的压缩系数 (2) 土的压缩模量 (3) 土的击实实验

技能要点

技能要点	掌握程度	应用方向
流网的绘制	熟练掌握流网的绘制方法	工程建设中的渗透问题

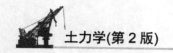

基本概念

渗流、流网、土的压缩性

引例

唐家山堰塞湖地处涪江支流通口河北川原县城上游5km，是汶川5·12地震中由右岸2400万 m³巨大滑坡形成的80～120m高天然水坝。它是举世瞩目的、危险性最大、溃堰洪水可能威胁下游绵阳地区的堰塞湖。在解决这样涉及滑坡和泥石流的重大工程问题中，深入了解土的各种工程性质，就显得特别重要。

2.1 概　述

第1章研究了土的组成及其土的工程分类的一些基本问题，我们将继续深入了解地基土的一些特殊的力学性质。

1. 土体是非线性材料

土力学遇到的一个与其他固体力学不同的问题就是，土体材料不是线弹性的。大多数固体材料都具有卸荷后变形可以恢复的特性，而土只能受压，其抗拉能力基本忽略不计，其应力-应变关系为曲线关系。这是由于土颗粒组成的骨架，受压后其骨架变形，使得其孔隙变小所致。

几种材料的应力-应变关系如图2.1所示。

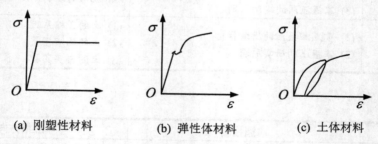

(a) 刚塑性材料　　　　(b) 弹性体材料　　　　(c) 土体材料

图2.1　三种材料的不同应力-应变关系

由于土体材料的复杂性，在工程上，目前往往将其简化为刚塑性材料。

2. 土中水的作用较大

土体由于处于不同的工程环境中，受环境影响作用较大。如工厂厂房地基会受到酸性物质、碱性物质和其他有害物质的腐蚀作用，对其受力性质影响较大。不同区域的土，也具有不同的工程性质。因此，近些年发展出了环境岩土工程。

在上述各种环境的影响中，土中水对土体的受力性质影响最为普遍。一般来说，水对土的受力性质的影响包括水对土体产生的浮力、水的重力、水的渗流引起的对土骨架的渗透力。另外，由于水的存在，将大大降低土体的抗剪强度。因此，许多工程问题，如边坡失稳、地基沉降失稳和挡土墙破坏等都是由于对土中水的处理不当造成的。

3. 土的压缩是土骨架的缩小

在压力作用下，土骨架将发生变形，土中孔隙将减少，土的体积缩小的特性称为土的压缩性。

一般来说，目前在地基中的土压力水平为 100kPa～1 000kPa。在这样的压力水平作用下，土颗粒的弹性压缩和土中水的压缩都是很小的，而土骨架的压缩则是主要的，两者的比例约为 1/400。因此，在土力学中考虑的变形主要是土骨架的压缩。

4. 土的变形是长期的

由于土的变形主要是土骨架的压缩，因此，我们主要研究土在压力作用下土的孔隙的减小。对于饱和土而言，土的孔隙的减小则有待于土孔隙中水的挤出。这就需要一个过程，土体压缩随时间发展的这一过程称为固结。

5. 土是横观各向同性材料

由于土是经母岩风化、剥蚀、搬运和沉积形成的产物，因此，大多数土是表现为成层性的。在力学上表现为在水平方向上是一个应力-应变关系，而在垂直向又是另一个应力-应变关系。这一各向异性性质，我们通常称之为土的横观各向同性性质。

6. 土在天然状态下的应力状态

土在自重作用下，其 z 深度处的应力状态一般为 $\sigma_{cz}=\gamma z$，水平向 $\sigma_{cx}=\sigma_{cy}=K_0\sigma_{cz}$。其中 K_0 为土的侧压力系数。在地基上建造建筑物，一般经历一个从自重应力卸荷(开挖)、加荷的过程。理论上，只有当荷载超过自重应力以后才会发生变形(沉降)。因此，我们把地基中的应力 σ 分成两部分，即 $\sigma=\sigma_{cz}+\sigma_0$，超过自重应力 σ_{cz} 的那部分应力称为附加应力 σ_0。

2.2　土的渗透性质

土中水对土的力学性质的影响是非常大的，很多工程问题，都是由于水的作用的结果。而土中水的运动，更是直接影响到地基土的力学性质与变形性质。

2.2.1　土的渗透与渗流

在工程地质中，土能让水等流体通过的性质定义为土的渗透性。而土体中自由水可以在水头差作用下在孔隙通道中流动的特性，则定义为土中水的渗流。为了讨论问题的方便，本节仅讨论饱和土体的渗流。

饱和土体中的渗流，一般为层流运动，服从伯努力(Bernowlli)方程，即饱和土体中的渗流总是从能量高处向能量低处流动。其能量可用总水头 h 来表示为

$$h = h_z + \frac{u}{\gamma_w} + \frac{v^2}{2g} \tag{2-1}$$

式中，h_z——位置水头；

$\quad\quad u$——孔隙水压力；

$\quad\quad \gamma_w$——水的重度；

$\quad\quad v$——孔隙中水的实际流速；

$\quad\quad g$——重力加速度。

式(2-1)中的第二项表示饱和土体中孔隙水受到的压力(如加荷引起)，称为压力水头；第三项称为流速水头，由于通常情况下土中水的这一流速很小，因此一般忽略不计。

饱和土中水的流动一般服从达西定律

$$Q = k \frac{\Delta h}{L} A \tag{2-2}$$

式中，Q——渗透流量；

$\quad\quad k$——比例常数，也称为渗透系数；

$\quad\quad A$——过水面积。

式(2-2)也可用水的流速 v 与水力坡降 i 表示为

$$v = ki \tag{2-3}$$

工程实践表明，当土颗粒较大时，在水力坡降较大时，土中水的渗流不符合层流运动，因此与上式不符。而在较细小的粘性土层中，当水力坡降较小时，也是非线性的关系，在应用达西定律时应加以注意。

2.2.2 渗透系数和渗透力

1. 渗透系数 k

渗透系数主要由土的孔隙比、土颗粒的尺寸与级配、土颗粒的矿物组成和土的结构等因素确定。均匀粘土的渗透系数 k 一般为 $10^{-9}\,\text{cm/s} \sim 10^{-7}\,\text{cm/s}$，此时几乎不透水，我们把这种土层称为不透水层。而透水性较好的均匀卵石层的渗透系数 k 则可以达到 $1.0\text{cm/s} \sim 100\text{cm/s}$。工程上认为 $k=1.0\text{cm/s}$ 是土中水渗透为层流与紊流的界限，而 $k=10^{-4}\,\text{cm/s}$ 是土体排水良好与否的界限，$k=10^{-9}\,\text{cm/s}$ 是土层为不透水层的标志。

2. 分层土的渗透系数

如图 2.2 所示，我们设 k_h 和 k_v 分别为多层土的水平向和垂直向平均渗透系数，k_1，k_2，$\cdots$，k_n 分别为多层土的渗透系数，q_1，q_2，$\cdots$，q_n 分别为水平向渗流时通过各分层的流量，q_h 为水平向各土层流量的总和，q_v 为垂直向渗流时的流量。在水平向渗流时，我们可得到 n 层土在水力坡降 i 下的下述关系式：

$$q_1 = H_1 k_1 i$$

$$q_2 = H_2 k_2 i$$

$$\vdots$$

$$q_n = H_n k_n i$$

$$q_h = \sum_{i=1}^{n} H_i k_i i$$

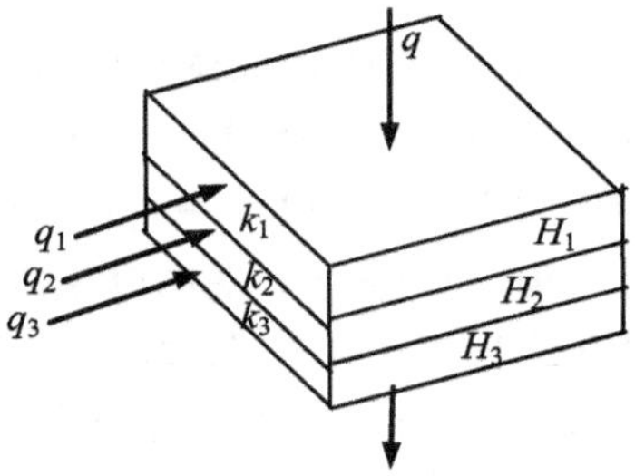

而对于水平向总的渗流，同时又有

$$q_h = k_h \sum_{i=1}^{n} H_i i$$

图 2.2　多层土的平均渗透系数

因此有

$$k_h = \frac{\sum\limits_{i=1}^{n} H_i k_i}{\sum\limits_{i=1}^{n} H_i} \tag{2-4}$$

式中，H_i——第 i 分层土的厚度。

同理，可得到下述关系式：

$$q_v = k_1 i_1 A = k_1 \frac{h_1}{H_1} A$$

$$q_v = k_2 i_2 A = k_2 \frac{h_2}{H_2} A$$

$$\vdots$$

$$q_v = k_i i_i A = k_i \frac{h_i}{H_i} A$$

即

$$h_i = q_v \frac{H_i}{k_i A}$$

式中，h_i——水流过第 i 分层土的水头损失；

A——过水面积。

对于垂直向总的流量 q_v，又有

$$q_v = k_v \frac{h}{H} A = k_v \frac{\sum\limits_{i=1}^{n} h_i}{\sum\limits_{i=1}^{n} H_i} A$$

由上两式可以得到

$$k_v = \frac{\sum\limits_{i=1}^{n} H_i}{\sum\limits_{i=1}^{n} (H_i / k_i)} \tag{2-5}$$

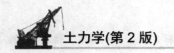

3. 渗透力

当上下游水位在距离 L 之间存在水位差 Δh 时，就会产生渗流。水流在通过 L 这样长距离时，对土层也产生一个作用力，其方向与渗流方向相同。容易证明，单位土体面积上这一渗透力的大小为 $T = \gamma_{\rm w} \Delta h / L = \gamma_{\rm w} i$。

现通过图 2.3 来加以说明。对于图示的土样，如果土样底部的水头比顶部大 Δh，则水会在土样中由下往上渗流。土样在竖向受到的力有重力 $W = HA(\gamma' + \gamma_{\rm w})$、支持力 R、上部水压力 $P_1 = \gamma_{\rm w} h_1 A$ 和下部水压力 $P_2 = \gamma_{\rm w} h_2 A$，其中 $h_2 - h_1 = \Delta h + H$。

因此，有

$$HA(\gamma' + \gamma_{\rm w}) + \gamma_{\rm w} h_1 A = \gamma_{\rm w} h_2 A + R$$

即

$$\begin{aligned} R &= HA(\gamma' + \gamma_{\rm w}) - \gamma_{\rm w} A(\Delta h + H) \\ &= HA(\gamma' - i\gamma_{\rm w}) \end{aligned}$$

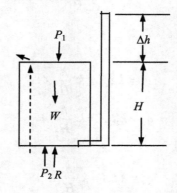

图 2.3　渗流土体作用力示意图

容易得出，当没有渗流时，支持力 $R = W = HA\gamma'$。显然 $T = HAi\gamma_{\rm w}'$ 就是由于渗流引起的力，我们把

$$J = i\gamma_{\rm w} \tag{2-6}$$

称为渗透力，它表示渗流时水对土体作用的单位体积上的力，它是一个体积力。

2.2.3　渗流引起的工程问题

1. 流土及其临界水力坡降

如图 2.3 所示，可以看出，如果对土样向上的支持力 $R \leqslant 0$ 时，即

$$\gamma' \leqslant i\gamma_{\rm w}$$

此时土颗粒处于悬浮状态，当工程上土体处于这种状态时，整个土层被整体抬起，将发生大面积的整体破坏，工程上称为流土或流泥，必须予以预先防止。因此，这一时刻的水力坡降称为临界水力坡降，记为

$$i_{\rm cr} = \frac{\gamma'}{\gamma_{\rm w}} \tag{2-7}$$

2. 管涌

渗流时，由于渗透力的作用，土中的细颗粒会逐渐被水流带走，渗流通道会逐渐扩大，这一现象叫做管涌。它的直接结果是土中孔隙越来越大，形成贯通的管状通道。从而粗颗粒被架空、塌落，最后造成土体整体破坏。

从上述理论分析结果不难得出管涌的形成条件主要为颗粒直径和水力坡降，而粘性土由于颗粒间存在着粘聚力，单个颗粒难以移动，它孔隙小，即使移动也是缓慢的，因此它属于非管涌土。级配均匀的砂土，其孔隙平均直径一般总是小于土颗粒直径，因而它也属于非管涌土。目前这些分析还是经验性的。我国提出不均匀系数 $C_u > 10$，级配不连续，并且其中细颗粒含量小于 5% 的无粘性土为管涌土。对于级配连续的土，若粗颗粒孔隙直径 $D_0 > d_5$ 也属于管涌土，其中 d_5 由颗粒分析曲线确定。

3. 渗透破坏的防治

通过理论分析可知，我们主要可以从增加渗流路径、减小渗流坡降两个方面采取措施来防治渗透引起的破坏。

这些措施包括：上挡下排减小水力坡降，采用土工布、土工网垫等材料在下游渗流溢出部位设置反滤层。在上游设置垂直与水平防渗设施等。

【例 2.1】 如图 2.4 所示，某地基为 8m 厚的粉质粘土层，其中夹有一粉砂层，厚度约为 30cm。其粉质粘土的渗透系数 $k_1 = 2.6 \times 10^{-6}$ cm/s，粉砂层的渗透系数 $k_2 = 6.8 \times 10^{-2}$ cm/s。砂层含水量较丰富，为在该地基中开挖基坑，我们分别计算一下该地基的等效水平向和垂直向渗透系数 k_h 和 k_v。

【解】

水平向等效渗透系数

$$k_h = \frac{H_1 k_1 + H_2 k_2}{H_1 + H_2} = \frac{800 \times 2.6 \times 10^{-6} + 30 \times 6.8 \times 10^{-2}}{800 + 30} = 2.46 \times 10^{-3} \text{ cm/s}$$

垂直向等效渗透系数

$$k_v = \frac{H_1 + H_2}{H_1 / k_1 + H_2 / k_2} = \frac{800 + 30}{800/(2.6 \times 10^{-6}) + 30/(6.8 \times 10^{-2})} = 2.70 \times 10^{-6} \text{ cm/s}$$

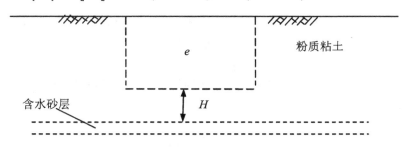

图 2.4 例 2.1 示图

由此可见，薄的透水层对地基的水平向渗透性改善较大，对垂直向渗透性影响较小。对于本算例的地基，应该尽可能地将基坑开挖深度设计在粉砂层以上。同时，应保障该地基开挖深度离粉砂层有一定距离，否则当透水层中为承压水时，可能出现流土现象。其距离

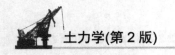

H 可由前面分析临界水力坡度的方法得出，考虑力的平衡关系式

$$HA(\gamma' + \gamma_w) + \gamma_w h_1 A = \gamma_w h_2 A + R$$

发生流土时，支持力 R 为零，因此

$$H = \frac{\gamma_w(h_2 - h_1)}{\gamma' + \gamma_w}$$

此时的 h_1 实际上为零，其距离 H 由含水层水头 h_2 控制，因此

$$H = \frac{\gamma_w \times h_2}{\gamma' + \gamma_w} \tag{2-8}$$

工程上，还应在上式中考虑在基坑中抽水引起的动水力作用。

2.3　二维渗流与流网

以上研究的是简单边界条件下的一维渗流的情况，但实际工程中，渗流是三维的。因此，问题变得十分复杂，涉及根据边界条件求解三维渗流微分方程的问题。下面简单介绍某些特殊情况下的二维渗流的情况。

2.3.1　二维渗流运动微分方程式

上面的讨论，只是考虑一个方向的渗流，实际上土体中的渗流是在三个方向同时进行的。下面讨论工程上常见的二维渗流问题。

1. 假定

土是均质、各向同性的，即渗透系数 k 在各个方向为常数。土处于完全饱和状态，土骨架、土单元体和水是不可压缩的。

2. 二维渗流运动微分方程

图 2.5 所示的土单元体，单位时间内进入土单元体内的流水体积为 $v_x dz + v_z dx$，流出土单元体的水量为 $(v_x + \frac{\partial v_x}{\partial x})dz + (v_z + \frac{\partial v_z}{\partial z})dx$，由假定条件，两者应相等，则有

$$\frac{\partial v_x}{\partial x} + \frac{\partial v_z}{\partial z} = 0 \tag{2-9}$$

在 $x-z$ 平面内，分别在 x 方向和 z 方向运用达西定律，可得到流速 v_x 和 v_z 与水头的变化率的关系为

$$v_x = ki_x = -k\frac{\partial h}{\partial x} \tag{2-10}$$

$$v_z = ki_z = -k\frac{\partial h}{\partial z} \tag{2-11}$$

式中的负号，表示水头随着流水方向而减小。

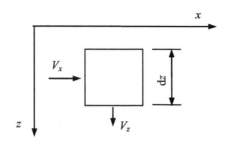

图 2.5　土体单元中的渗流

将上两式代入式(2-9)中，则得到

$$\frac{\partial^2 h}{\partial x^2} + \frac{\partial^2 h}{\partial z^2} = 0 \tag{2-12}$$

上式是拉普拉斯(Laplace)方程，我们引入一个函数 $\Phi(x,z)=-kh$，再引入另一个函数 $\Psi(x,z)$ 为 $\Phi(x,z)$ 的共轭函数，即有

$$v_x = \frac{\partial \Phi}{\partial x} = -\frac{\partial \Psi}{\partial z} = -k\frac{\partial h}{\partial x}$$

$$v_z = -\frac{\partial \Psi}{\partial x} = \frac{\partial \Phi}{\partial z} = -k\frac{\partial h}{\partial z}$$

则 $\Phi(x,z)$、$\Psi(x,z)$ 均满足拉普拉斯方程：

$$\frac{\partial^2 \Phi}{\partial x^2} = \frac{\partial^2 \Phi}{\partial z^2} = 0 \tag{2-13}$$

$$\frac{\partial^2 \Psi}{\partial x^2} = \frac{\partial^2 \Psi}{\partial z^2} = 0 \tag{2-14}$$

式(2-13)和式(2-14)的全微分都为零，即 $\Phi(x,z)$ 与 $\Psi(x,z)$ 是正交的。由上述方程，可以得到

$$\mathrm{d}\Phi(x,z) = v_x \mathrm{d}x + v_z \mathrm{d}z$$

即

$$\mathrm{d}\Phi = -k\frac{\partial h}{\partial x}\mathrm{d}x - k\frac{\partial h}{\partial z}\mathrm{d}z$$

对上式积分得

$$\Phi(x,z) = -kh(x,z) + C \tag{2-15}$$

式中，C 为常数。如果函数 $\Phi(x,z)$ 给定为常数，那么其在 $x-z$ 平面内就代表一条曲线，沿着该曲线各点的总水头 $h(x,z)$ 为常数，称为等势线。

同样，函数 $\Psi(x,z)$ 的全微分可以写为

$$\mathrm{d}\Psi = k\frac{\partial h}{\partial z}\mathrm{d}x - k\frac{\partial h}{\partial x}\mathrm{d}z \tag{2-16}$$

如果给定 $\Psi(x,z)$ 为一常数，则上式等于零，于是有

$$\frac{\mathrm{d}z}{\mathrm{d}x} = \frac{v_z}{v_x} \tag{2-17}$$

可以看出，在 $\Psi(x,z)$ 为一常数的曲线上，任何一点的切线就代表了该点的合速度的方

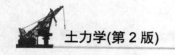

向。这些不同常数的曲线我们称之为流线。

数学上容易证明，流线与等势线是正交的。这是以后绘制流网的主要理论依据。

2.3.2 流网的绘制方法

在工程上，通常由于其边界条件十分复杂，要真正确定上述方程(2-15)中的常数 C，往往是十分困难的，对于一般的工程问题，常常要采用数值计算方法来求解。但由于岩土工程的特性，目前仍然要大量采用经验方法来解决问题。因此，流网法仍不失为一种简便有效的解决工程渗流问题的方法。所谓流网，就是由等势线与流线组成的网状曲线图。下面讨论绘制流网的一般法则。

从上面的分析可得以下结论。

(1) 等势线与流线是正交的。

(2) 在地下水位线或者浸润线上，孔隙压力为零，其总水头只包括位置水头，即这条水位线就是 $h(x,z)$，在 $x-z$ 平面，它必然是 x，z 的一次函数，由方程式(2-16)知，函数 $\Psi(x,z)$ 为一常数，因此它是一条流线。

(3) 静水位下的透水边界上总水头相等，由方程式(2-17)知，它是一条等势线。

(4) 在任何一条不透水边界上，在垂直该方向上的流速为零，其切线方向为合速度的方向，故该边界为流线。

(5) 水的渗出段，由于与大气接触，孔隙压力为零，只有位置水头，所以当它不为水平时，也为一条流线。

2.3.3 流网的应用

依据上述流网的绘制法则，可以大致绘出基坑开挖情况下板桩墙附近的流网曲线图，如图 2.6 所示。

目前通过绘制流网大体上可以解决下述工程问题。

1. 求土层中各点的测管水头和水力坡降 i

由于各相邻等势线间的水力坡降 Δh 相等，每个网格接近于正方形，每一网格中的水力坡降 Δh 基本为一常数，如图 2.6 所示，Δh 为

$$\Delta h = \frac{\Delta H}{N_i} \tag{2-18}$$

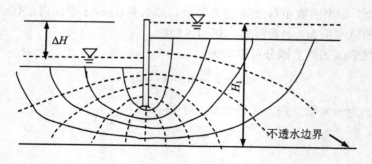

图 2.6　简单情况流网的绘制

式中，N_i 为每一流道(两条流线之间的渗流通道)的等势线落差数，则第 $i+1$ 条等势线处的总水头为

$$h_i = H_1 - i\Delta h \tag{2-19}$$

对于网格中的点，可以用内插法近似估计的办法得到总水头。

显然，第 i 网格的水力坡降为

$$i_i = \frac{\Delta h}{l_i} \tag{2-20}$$

式中，l_i 为第 i 个网格的长或宽度。

2. 估算渗流量 q

对于第 i 个网格，流过该流道的渗流量为

$$\Delta q = k\frac{\Delta h}{l_i}l_i = k\Delta h$$

因此

$$\Delta q = k\Delta h = k\frac{\Delta H}{n} \tag{2-21}$$

式中，n——等势线落差数，即等势线条数减 1；

ΔH——上下游总水头差。

所以总流量 q 为

$$q = m\Delta q = k\frac{m}{n}\Delta H \tag{2-22}$$

式中，m 为流道数，对于图 2.6 中的流网近似为 4.5 个流道。

3. 判断渗透破坏的可能性

在流网图上可以知道，网格密集的地方，就是水力坡降最大的地方，此处就是渗透流速最大处，这对采取何种工程措施起着决定性作用。

另外，流土必然发生在渗流水逸出处、流网最密集的地方。

2.4　土的压缩性

由于土体的复杂性，土力学中通常将土受压力作用所发生的压缩考虑为由三部分组成：土颗粒的压缩、土中水和气体的压缩以及土中水在压力作用下被挤出而导致土骨架的压缩。

2.4.1　压缩曲线和压缩指标

1. 压缩试验和压缩曲线

压缩试验：不锈钢环刀取样，一般尺寸规格为 $h=2$cm，$A=30$cm^2。

取样要点：尽量保持土体不受扰动，即保持土样的"原状"。

加荷等级：50 kPa，100 kPa，200 kPa，300 kPa，400 kPa，…

压缩试验装置如图 2.7 所示，在试验中，侧向变形很小，可以忽略不计，称为侧限压

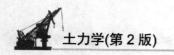

缩条件。因为它比较接近工程实际情况,所以土的变形参数的确定都用这种试验方法。

试验前,可以通过试验求出天然孔隙比 e_0,设土颗粒体积 $V_s=1$,则可得到某一级荷载前后试样高度及孔隙比关系(图 2.7)为

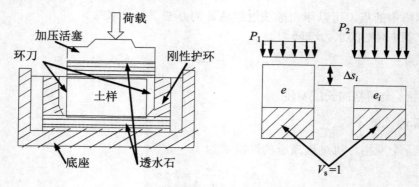

图 2.7 压缩仪和压缩试验

$$e_0 = \frac{V_v}{V_s} = \frac{Ah_0 - V_s}{V_s}$$

式中,A 为土样横截面积;h_0 为土样原始高度;土颗粒体积 V_s 为

$$V_s = \frac{Ah_0}{1 + e_0}$$

同理可得第 i 级荷载作用下的土颗粒体积为

$$V_{s_i} = \frac{A(h_0 - \Delta s_i)}{1 + e_i}$$

式中,Δs_i 为施加第 i 级荷载后的竖向总压缩量,此时土样高度 $h_i = h_0 - \Delta s_i$。

由假定土粒体积不变,有

$$\frac{Ah_0}{1 + e_0} = \frac{A(h_0 - \Delta s_i)}{1 + e_i}$$

所以

$$\Delta s_i = h_0 - h_i = \frac{e_0 - e_i}{1 + e_0} h_0 \tag{2-23}$$

$$e_i = e_0 - \frac{\Delta s_i}{h_0}(1 + e_0) \tag{2-24}$$

由此可见,在每一级荷载 p_i 作用下,都可求出其孔隙比,因而可得到其 *e-p* 曲线,或称为压缩曲线,如图 2.8 所示。

2. 土的压缩系数和压缩指数

e-p 曲线上某一点的斜率

$$a = -\mathrm{d}e/\mathrm{d}p$$

它反映了该处土的压缩变形的大小,工程上称之为压缩系数,它在每一点都是变化的。

实际工程中地基中的应力是从自重应力变化到总应力的,即由 σ_{cz} 到 $\sigma_{cz} + \sigma_s$。其中 σ_{cz} 为土的竖向自重应力;σ_s 为地基中附加应力。为便于比较,定义压缩系数

$$a_{1\text{-}2} = 1000 \frac{e_1 - e_2}{p_2 - p_1} x \quad (p_1 = 100\text{kPa}, \ p_2 = 200\text{kPa}) \tag{2-25}$$

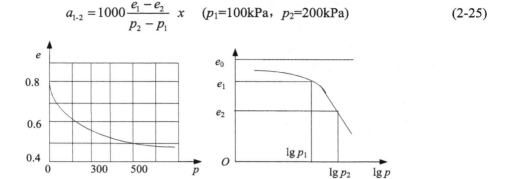

图 2.8　压缩曲线

在半对数坐标图上，e-$\lg p$ 曲线后半部分为直线，其斜率为

$$C_c = \frac{e_1 - e_2}{\lg p_2 - \lg p_1} = (e_1 - e_2)/\lg \frac{p_2}{p_1} \tag{2-26}$$

工程上称为压缩指数 C_c。

2.4.2　土的压缩模量

在侧限压缩试验中，定义

$$E_s = \Delta \sigma_z / \varepsilon z = \frac{p_2 - p_1}{\Delta s_i / h_0} \tag{2-27}$$

因为

$$V_s = \frac{A h_0}{1 + e_0} = \frac{A h_i}{1 + e_i}$$

所以

$$\Delta s_i = h_0 - h_i = \frac{e_0 - e_i}{1 + e_0} h_0$$

因此

$$E_s = \frac{p_2 - p_1}{\dfrac{e_0 - e_i}{1 + e_0}} = \frac{1 + e_0}{a_{1\text{-}2}} \tag{2-28}$$

压缩系数和压缩模量均反映土的压缩特性，人们根据其数值大小来划分土的压缩性质。

$a_{1\text{-}2} < 0.1\,\text{MPa}^{-1}$　　　　低压缩性土　　　$E_s > 15.0\text{MPa}$

$0.1 \leqslant a_{1\text{-}2} < 0.5\,\text{MPa}^{-1}$　　　中压缩性土　　　$4 < E_s \leqslant 15.0\text{MPa}$

$a_{1\text{-}2} \geqslant 0.5\,\text{MPa}^{-1}$　　　　高压缩性土　　　$E_s \leqslant 4\text{MPa}$

2.4.3　土的变形模量

在地基中，地基中的应力是应用弹性理论来求解的，严格地说，应采用地基的弹性模量来计算土的变形。但土不是弹性材料，所以在有关的弹性理论公式中常常用土的变形模量 E_0 来表示。以下首先介绍土力学中常见的平板载荷试验来说明变形模量的应用。

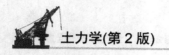

(1) 加荷板：$1m^2 \sim 0.5m^2$ 的圆板。

(2) 加荷等级：$10kPa \sim 25kPa$——松软土。

$50kPa$——硬土。

第一级荷载一般约为自重应力水平。

每一级荷载的稳定标准为：每小时沉降量<0.1mm。

(3) 破坏标准。

① 荷载板周围土鼓出或开裂。

② $p\text{-}s$ 曲线出现陡降段。

③ 24 小时内不能达到稳定标准。

④ $s/b \geq 0.06$。

通过试验，可以得到如图 2.9 所示的 $e\text{-}p$ 或 $e\text{-}s/b$ 曲线。

在今后的工程实践中，可以进一步知道 $p\text{-}s$ 或 $p\text{-}s/b$ 曲线上前面为直线段，它表示地基中的土体处于线弹性阶段，此时对应的荷载，称为临塑荷载 p_0。随着荷载的增加，地基中部分土体会逐渐破坏，出现局部塑性区域，工程上根据塑性区域的大小，把此时对应的荷载称为临界荷载 p_k。如 $p_{1/4}$ 相应于基底下塑性区高度 z_{max} 为基础宽度 b 的 1/4 时所对应的荷载 p。同样的道理，$p_{1/3}$ 相当于基底下塑性区高度 z_{max} 为基础宽度 b 的 1/3 时所对应的荷载 p。

由弹性力学理论，在直线段可以得到如下关系式：

$$E_0 = \omega(1-\upsilon^2)\frac{p_1 b}{s_1} \tag{2-29}$$

式中，ω——荷载板的形状系数；

υ——土的泊松比。

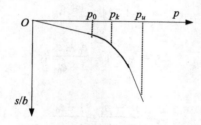

图 2.9　平板载荷试验压缩曲线

2.4.4　土的压缩模量和变形模量的关系

在侧限试验中，有

$$\left.\begin{array}{l} \sigma_x = \sigma_y = k_0 \sigma_z \\[2mm] \varepsilon_x = \dfrac{\sigma_x}{E_0} - \mu\dfrac{\sigma_y}{E_0} - \mu\dfrac{\sigma_z}{E_0} = 0 \\[2mm] \varepsilon_z = \dfrac{\sigma_z}{E_0} - \mu\dfrac{\sigma_x}{E_0} - \mu\dfrac{\sigma_y}{E_0} \end{array}\right\} \tag{2-30}$$

而

$$E_s = \frac{\sigma_z}{\varepsilon_z} \tag{2-31}$$

由此可得

$$k_0 = \frac{\mu}{1-\mu} \tag{2-32}$$

$$E_0 = E_s(1 - 2\mu k_0) = \beta E_s \tag{2-33}$$

2.5　土的应力历史

2.5.1　前期固结压力与自重应力的关系

前面提到了土的自重应力的概念，但是土层的形成条件是十分复杂的。许多土层目前受到的自重应力与历史上受到的固结压力是不同的，我们用 P_c 来表示历史上曾经受到过的最大的固结压力(前期固结压力)。对于前期固结压力 P_c 与自重应力的关系，如图 2.10 所示。

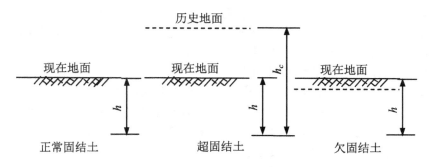

图 2.10　沉积土层的应力历史

对于前期固结压力大于目前自重应力的土层，称之为超固结土，而在目前自重应力作用下还没有固结的新近沉积土层，称为欠固结土。它们的关系为

正常固结土　　$P_c = \sigma_{cz}$

超固结土　　　$P_c > \sigma_{cz}$

欠固结土　　　$P_c < \sigma_{cz}$

2.5.2　原始压缩曲线

人们从土的压缩曲线也发现了上述现象，如图 2.11 所示。只有当压力超过前期固结压力 P_c 以后，土样才会发生较明显的压缩，土的压缩系数和压缩指数才会较大。因此说，土的压缩性与土的沉积和受荷历史有着密切关系。而由于土的沉积和受荷历史极其复杂，因而目前还只能是经验性地确定土的原始压缩曲线。

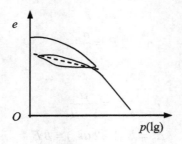

图 2.11　土的回弹与再压缩曲线

2.6　土的有效应力原理

太沙基首先提出饱和土的有效应力原理，他用公式表示为

$$\sigma = \sigma' + u \tag{2-34}$$

式中，σ——总应力；

σ'——有效应力；

u——孔隙中的水压力。

这一有效应力原理的意义表明，土中受到的总压力，它由两部分来承担。一部分首先由水来承担，它只能使土颗粒压缩，而这一部分压缩量很小，可以忽略不计，我们也把它称为静水压力。还有一部分是由土的骨架来承担的，土骨架受力后，将使土体骨架发生压缩变形，体积收缩，所以称它为有效应力。

由于饱和土在压力作用下，使土层中的孔隙压力增加，就会使孔隙中的水发生渗流(如果有排水条件)，因此孔隙中的水压力就会减小，其孔隙压力就会转嫁为由土骨架承担的有效应力。随着土中的水的排出，孔隙水压力会变为零，此时所施加的外荷载全部由土骨架承担而变为有效应力。这一过程就是前面所提出的固结过程。

2.7　土的压实原理与填土工程

随着填土工程规模越来越大，研究土的压实特性已经变得越来越重要，它的应用范围也已经越来越广泛。

1. 填土工程

填土工程包括人工填土堤基和土工建筑物(如土坝、土堤及道路填方)。为了保证填土有足够的强度以及较小的压缩性和透水性，在施工中常常要控制压实填料的类别、颗粒级配、含水量和压实功等因素。

随着工程规模的不断扩大，填土工程的设计、监理已显得越来越重要。过去由于人们对其认识不足，造成的工程事故和经济损失相当惊人。大量的建筑工地由于填土施工质量不好，最终导致施工时反复地抛石修筑施工路面，导致其修筑临时施工路面的造价数额巨大，并且造成填土区基础施工困难，桩基质量不合格等后果。在道路工程中则是直接造成其后的路面由于填土沉降过大而开裂，如某主要高速公路，通车后不到一年时间，就连续不断地维修，至今维修了十余年了，仍然是边通车边维修。相对来说，国外有些国家对这一问题特别重视，主要反映在填土工程施工中的严格检测。而谈到检测，由于我国过去技术起步晚，缺少大量的工程检测技术人员。它要求检测人员有良好的专业素质，也要求我们结合工程创造出不同的测试设备，并时刻对这些设备加以改进。图 2.12 是英国某公司研制的动力触探设备。

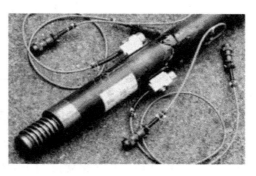

图 2.12　标准贯入分析仪 SPT

2. 击实试验

击实试验是试验室内测定土的压实性的试验方法，分为轻型和重型两种。前者适用于填土粒径小于 5mm 的土，其击实筒容积为 $947mm^3$，击锤的质量为 2.5kg。土料分 3 层装入击实筒，每层土料击打 25 下，击锤落高为 30.5cm。重型击实试验适用于填土粒径小于 40mm 的土，其击实筒容积为 $2\,104cm^3$，击锤质量为 4.5kg，落高为 45.7cm，分 5 层夯实，每层 56 击。对于同一种土料，选取不同的含水量进行试验，就可得到其试验结果曲线，如图 2.13 所示。

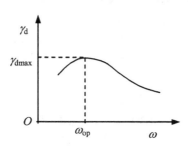

图 2.13　击实曲线

3. 最优含水量 ω_{op}

对于同一种土料，用相同的试验方法，可以得到在某含水量时的最大干重度 γ_{dmax}，此时的含水量，我们称之为最优含水量 ω_{op}。其值一般为该土塑限的 ±2%。

4. 击实功的概念

用同一种土料在不同含水量下分别用不同击数进行试验，就能得到一组击实曲线，如图 2.14 所示。从图中可推断出以下结论。

(1) 土料的最大干重度和最优含水量是随击实能量而变化的。

(2) 在某一含水量时，要得到较大的干重度，必须加大击实功。如增加击数(在试验室)，在工程中则为增加碾压遍数。也可以增加锤重，工程中则为采用重型碾压机具或减小填土的虚铺厚度。

(3) 当含水量较大时，击实功对干重度的影响较小。

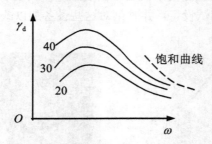

图 2.14 不同击实功时的击实曲线

5. 土类和级配的影响

从第 1 章可以知道，土的密实度与土的颗粒级配有关。另外要得到较大的干重度，土的矿物成分也是主要影响因素。一般而言，粘性土的粘粒含量越高，压实越困难。

6. 填土的施工监理

填土的施工监理，主要从土料、填土的含水量、虚铺厚度、碾压机具和碾压遍数等方面进行。在施工中不断取样，进行干重度测定，以评价其压实系数 λ_c，λ_c 为

$$\lambda_c = \frac{\gamma_d}{\gamma_{dmax}} \tag{2-35}$$

式中，γ_d 为填土干重度；γ_{dmax} 为由击实试验确定的最大干重度。

在某些特殊情况下，也可用相对密实度 D_r 来控制填土的施工质量。

【例2.2】 从某取土场取来原状土样进行试验，测得该土的 ω =15%，e =0.6，d_s =2.7，若用该土均匀地夯实来进行填土施工，使夯实后的 ω =18%，γ_d =17.6kN/m³，求：

(1) 原状土的 S_r，γ，γ_d。

(2) 10 000m³ 原状土中应加入多少水，使 ω =15% $\Rightarrow$ ω =18%？

(3) 填土由于储水而饱和，假定饱和后 V 不变，则 ω，γ 等于多少？

(4) 若填土吸水后 V 增加5%，ω，γ 等于多少？

【解】

(1) 设 V_s=1，则 S_r=$d_s\omega/e$=67.5%

$\quad\quad \gamma = \gamma_w(d_s+S_r e)/(1+e)$

$\quad\quad\quad = 19.4$ kN/m³

$\quad\quad \gamma_d = W_s/V$

$\quad\quad\quad = d_s \times \gamma_w/(1+e)$

$\quad\quad\quad = 2.7 \times 10/(1+0.6)$

$\quad\quad\quad = 16.9$ kN/m³

(2) $16.9 = W_s/10\ 000$

$\quad\quad W_s = 16.9 \times 10\ 000$

$$\omega=W_{w1}/W_s \quad W_{w1}=0.15W_s \quad W_{w2}=0.18W_s$$
$$\Delta W=0.18W_s-0.15W_s$$
$$=0.03\times16.9\times10\,000$$
$$=5\,070\text{ kN}$$

(3) $e=d_s\gamma_w/\gamma_d-1$
$$=2.7\times10/17.6-1$$
$$=0.53$$
$$\omega=S_r e/d_s$$
$$=0.53/2.7$$
$$=20\%$$
$$\gamma=\gamma_d(1+\omega)=17.6(1+0.20)=21.12\text{ kN/m}^3$$

(4) $e'=(V'-V_s)/V_s=(1.05V-V_s)/V_s$
$$=[1.05(V_v+V_s)-V_s]/V_s$$
$$=1.05e+0.05$$
$$=1.05\times0.53+0.05$$
$$=0.61$$
$$\omega'=e'/d_s=0.611/2.7=23\%$$
$$\gamma'=\gamma_d'(1+\omega')$$
$$=\omega_s/(1.05V)\times(1+0.23)$$
$$=\gamma_d/1.05\times1.23$$
$$=17.6/1.05\times1.23$$
$$=20.6\text{ kN/m}^3$$

本 章 小 结

　　本章主要介绍与土木工程紧密相关的岩土的基本的工程与力学性质，重点讲述土的渗透性质与土的压缩性质。土的压实原理与填土工程也是本章的重点。

　　本章主要使学生了解土的渗流性质、流网的绘制原则，掌握土的变形模量和压缩模量的关系，应该做到基本力学概念清楚。同时，应使学生认识到掌握填土工程的基本评价指标和其工程意义。

　　作为一个卓越的土木工程师，还应时刻懂得保障土质环境的重要性，知道现代人类活动的污染物质在土中的迁移规律和工程防治方法。学习了前面两章的土力学知识，我们也知道了土对我们人类生存环境的重要性，我国有限的耕地，除了产粮食外，由于土中的水和气体，它还能吸水蓄能，调控环境温度，净化水质和优化生态环境。这一点，现在还远远没有引起人们足够的重视。

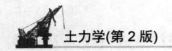

习　题

1. 某试样长宽高分别为 45cm×45cm×45cm，它由三层土组成，设定水头差为 25cm，对其进行常水头渗透试验，如图 2.15 所示，土层厚度和土性质如下。

H_1=5cm，k_1=2.5×10^{-6} cm/s，粘土层。

H_2=20cm，k_2=4.0×10^{-4} cm/s，粉土层。

H_3=20cm，k_3=2.0×10^{-2} cm/s，砂土层。

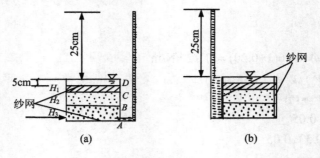

图 2.15　第 1 题图

求：(1) 垂直方向等效渗透系数和渗流量。

(2) 水平方向等效渗透系数和渗流量。

(3) 在垂直方向上稳定渗透试验中如图 2.16(b)所示，A、B、C、D 点的测管水头 h_A、h_B、h_C、h_D。

2. 如图 2.16 所示的基坑工程，两排板桩打入砂层中。在基坑中排水，因为对称，绘制图示半边流网。试求：

(1) 沿基坑每米的流量 q。

(2) P、Q 两点处的水头。

(3) 判断基坑排水的渗透稳定性。

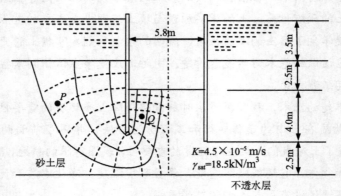

图 2.16　第 2 题图

3. 某土样压缩试验结果如表 2-1 所示，试绘制 e-p 曲线并求出压缩系数 $a_{1\text{-}2}$。某箱形基础基底下的基底压力为 350kPa，试确定该土在压力范围 200kPa～400kPa 的土的压缩系数和压缩模量，该土的压缩性质如何？

表 2-1　土样压缩试验结果

垂直压力 p/kPa	0	50	100	200	400	800
孔隙比 e	0.655	0.627	0.615	0.601	0.581	0.567

4. 某土方工程填方量为 $3\times10^5 \text{m}^3$，设计填土干重度为 16.3kN/m³，考虑环境因素若控制取土场的取土深度为 2.5m，取土场土的天然重度为 18.0kN/m³，天然含水量 ω_0=12%，液限为 35%，塑限为 20.0%，土的相对密度 d_s=2.70，求：

(1) 该填土工程要开挖植被多少 m²？

(2) 经试验每层虚铺厚度为 40cm，碾压到 30cm 即可达到设计要求，该土的最优含水量为塑限的 95%，为达到最大干重度设计要求，每 m² 铺土面积需洒水多少？

(3) 施工后的填土的饱和度是多少？

第 3 章

土的抗剪强度理论

 **基本概念**

抗剪强度、极限平衡理论、孔隙压力系数

 引例

上海展览馆，1954 年 5 月开工。总高 96m，当年年底平均沉降 60cm，1957 年 6 月实测最大沉降 146cm，最小沉降 122cm。

该建筑为箱形基础，基础高度为 7m，基础平面尺寸为 46.5m×46.5m。基础埋置深度为 0.5m。基底压力 130kPa，基底附加压力 124kPa。

其过大沉降是由超大面积的基底荷载和其软弱下卧层的压缩引起的。基础面积大，压缩土层相对较薄，应力沿深度衰减比较慢。而软弱下卧层应力水平过高(其顶面处达 120kPa)，可能发生局部的水平挤出。

3.1 土的抗剪强度构成因素

土的组成不一样，土的抗剪强度的构成因素也不一样。主要体现在土颗粒的形状和连接方式上。

3.1.1 土的抗剪强度

库伦(Coulomb)通过对砂土试验首先提出库伦理论如图 3.1(a)所示。

$$\tau_f = \sigma \tan \phi \tag{3-1}$$

从上式可以看出，土体密实、土颗粒大、尖棱、粗糙、级配好就意味着土体的内摩擦角较大，土的抗剪切强度就越大。

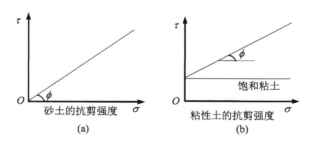

图 3.1　土的抗剪强度

对于粘性土，人们发现只需在式(3-1)中加上颗粒之间的粘聚力 C 即可。

$$\tau_f = \sigma \tan \phi + C \tag{3-2}$$

C 反映了土颗粒之间的联结力。在 $\tau \sim \sigma$ 曲线上，C 为 τ 轴上的截距，ϕ 为其直线的倾角。

事实上，土为非线性材料，土体的抗剪强度并非是直线关系，当剪切面上的正压力较大时，其抗剪强度增加的幅度要小于其直线的斜率 $\tan \phi$。因此到目前为止，土的抗剪强度是近似表达的。这一点在工程应用中应加以注意。

对于饱和土 $\phi \cong 0$，因此它的强度包线是水平的，如图 3.1(b) 所示。

3.1.2 土的抗剪强度构成因素

粘性土的粘聚力取决于土的密实度与含水量和土的结构性等。其值 $C=(10 \sim 200) \text{kPa}$，$\phi = 0° \sim 30°$。

砂土：粗砂 $\phi = 32° \sim 40°$
　　　细砂 $\phi = 28° \sim 36°$

由于砂易失去稳定性，工程上一般取 $\phi = 20°$，砂土内聚力约为 $C=10 \text{kPa}$。

3.2　土的极限平衡理论

土的强度理论是以摩尔(Mohr)强度理论为基础(平面应变条件)。

其基本思想是把描述土中任意点应力情况的摩尔应力圆与土的抗剪强度公式联系起来，建立土的极限平衡条件，导出土的强度理论公式。其思路如图 3.2 所示。

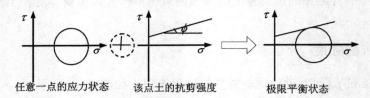

图 3.2　极限平衡理论示意图

对于地基中任意点的应力状况取单元体，由水平向和垂直向的力的平衡关系可以得到下述关系式，如图 3.3 所示。

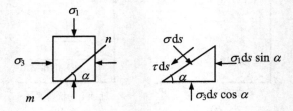

图 3.3　土的应力单元的平衡关系

$$\sigma_3 \mathrm{d}s \sin\alpha - \sigma \mathrm{d}s \sin\alpha + \tau \mathrm{d}s \cos\alpha = 0 \tag{3-3}$$

$$\sigma_1 \mathrm{d}s \cos\alpha - \sigma \mathrm{d}s \cos\alpha - \tau \mathrm{d}s \sin\alpha = 0 \tag{3-4}$$

由式(3-3)和式(3-4)得

$$\sigma - \frac{\sigma_1 + \sigma_3}{2} = \frac{\sigma_1 - \sigma_3}{2}\cos 2\alpha \tag{3-5}$$

$$\tau = \frac{\sigma_1 - \sigma_3}{2}\sin 2\alpha \tag{3-6}$$

将式(3-5)和式(3-6)分别平方后相加得

$$\left(\sigma - \frac{\sigma_1 + \sigma_3}{2}\right)^2 + \tau^2 = \left(\frac{\sigma_1 - \sigma_3}{2}\right)^2 \tag{3-7}$$

如图 3.4 所示的 $\mathrm{Rt}\triangle O''AO''$ 中，$O''A = O''O'' \sin\phi$，即

$$\frac{\sigma_1 - \sigma_3}{2} = (C/\tan\phi + \frac{\sigma_1 + \sigma_3}{2})\sin\phi \tag{3-8}$$

$$\therefore \sigma_1 = \sigma_3 \frac{1 + \sin\phi}{1 - \sin\phi} + 2C\sqrt{\frac{1 + \sin\phi}{1 - \sin\phi}} \tag{3-9}$$

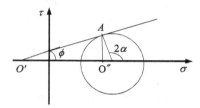

图 3.4　摩尔应力圆与土的强度包线的几何关系

或

$$\sigma_3 = \sigma_1 \frac{1 - \sin\phi}{1 + \sin\phi} - 2C\sqrt{\frac{1 - \sin\phi}{1 + \sin\phi}} \tag{3-10}$$

容易证明

$$\frac{1 + \sin\phi}{1 - \sin\phi} = \frac{\sin\frac{\pi}{2} + \sin\phi}{\sin\frac{\pi}{2} - \sin\phi} = \frac{2\sin(\frac{\pi}{4} + \frac{\phi}{2})\cos(\frac{\pi}{4} - \frac{\phi}{2})}{2\sin(\frac{\pi}{4} - \frac{\phi}{2})\cos(\frac{\pi}{4} + \frac{\phi}{2})}$$

$$= \tan(\frac{\pi}{4} + \frac{\phi}{2})\cot(\frac{\pi}{4} - \frac{\phi}{2}) = \tan^2(\frac{\pi}{4} + \frac{\phi}{2})$$

于是有

$$\sigma_1 = \sigma_3 \tan^2(45° + \phi/2) + 2C\tan(45° + \phi/2) \tag{3-11}$$

同理可得

$$\sigma_3 = \sigma_1 \tan^2(45° - \phi/2) - 2C\tan(45° - \phi/2) \tag{3-12}$$

由图 3.4 可知其破裂面与 σ_1 的夹角，$2\alpha = \pi/2 + \phi$ 即

$$\alpha = \pi/4 + \phi/2 \tag{3-13}$$

3.3 土的抗剪强度的室内测定方法

如何获取土的抗剪强度参数，是人们长期所关心的问题。到目前为止，也发展了许多测试土的抗剪强度参数的方法。这些方法主要分为两大类：室内试验方法和现场原位测试方法。

3.3.1 直接剪切试验

1. 直剪试验的发展

柯林(Collin)1846 年的试验装置如图 3.5 所示。

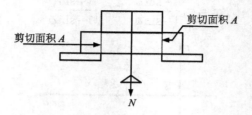

图 3.5 早期土的剪切试验装置示意图(Collin)

该试验中的正应力 σ_f 与剪应力 τ_f 为

$$\sigma_f = 0$$

$$\tau_f = N/2A$$

克雷(Krey)1926 年的试验装置如图 3.6 所示。

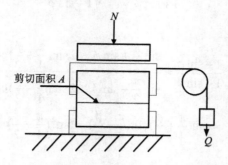

图 3.6 发展的土的剪切试验装置示意图 (Krey)

该试验中的正应力 σ_f 与剪应力 τ_f 为

$$\sigma_f = N/A$$

$$\tau_f = Q/A$$

2. 直剪试验的发展

现在使用的土的剪切试验装置只是将上述装置进行了进一步改进，如图 3.7 所示，图中的力和位移传感器逐步被改为数字式的，以便由计算机自动读取其试验数据。

$$\sigma_f = N / A$$

$$\tau_f = T / A$$

3. 直剪试验的不同试验方法

土的抗剪强度指标是和试验时的加荷速率、剪切时的排水条件和土的固结情况等因素有关的。因此，为了尽可能地与工程实际情况相符合，人们把直剪试验分为快剪试验、固结快剪试验和慢剪试验。

快剪试验：施加垂直压力后，立即施加水平剪切应力，其剪切过程在 3～5 分钟内完成。对于饱和土样，此时土中水来不及排出，这样得到的抗剪强度指标用 C_q、ϕ_q 表示。一般用于施工速度快速的工程。

固结快剪试验：先对土样施加垂直压力，待土样排水固结稳定以后，再快速剪切(3～5分钟内完成)。这样得到的抗剪强度指标用 C_{cq}、ϕ_{cq} 表示。

慢剪试验：施加垂直压力后，使试样充分排水固结，再以缓慢的剪切速率施加水平剪应力，得到的抗剪强度指标用 C_s、ϕ_s 表示。

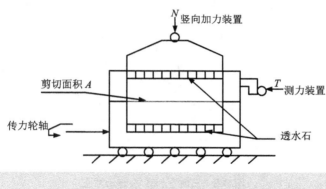

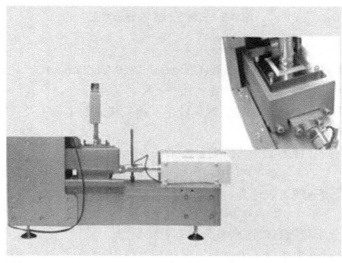

图 3.7 现代土的剪切试验装置示意图和自动控制型前切仪

3.3.2　土的三轴压缩试验

1. 直剪试验的缺点

(1) 剪切面是规定的。

(2) 剪切时，剪切面逐渐减小，垂直荷载偏心，剪应力分布不均匀。

(3) 试验时不能严格控制试样的排水条件，无法量测孔隙水压力。

三轴压缩试验是目前测定土的抗剪强度指标较为完善的试验方法，它能较为严格地控制土样的排水、测试剪切前后和剪切过程中的土样中的孔隙压力 u。

2. 三轴压缩仪构造

三轴压缩仪的构造如图 3.8 所示。它可以控制试验时的排水条件，量测试验前后及试验过程中的孔隙水压力。为了模拟工程中水平加荷的情况，可采用横向切土的办法，来研究土在水平加荷时的性状。

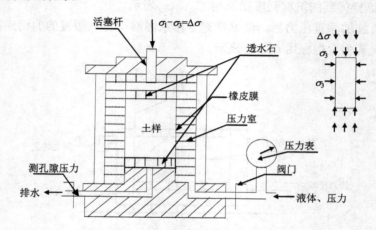

图 3.8　三轴压缩仪构造示意图

3. 三种不同的试验方法

不固结不排水剪：又称为 UU 试验(Unconsolidated-Undrained)。
$$\tau_f = \sigma \tan \phi_U + C_U => S_U \tag{3-14}$$
它适用于土层厚度 H 大、渗透系数 k 较小、施工快速的工程以及快速破坏的天然土坡的验算。

固结不排水剪：又称为 CU 试验(Consolidated-Undrained)。
$$\tau_f = \sigma \tan \phi_{CU} + C_{CU} => S_{CU} \tag{3-15}$$
其有效应力强度包线可表达为
$$\tau_f = \sigma' \tan \phi'_{CU} + C'_{CU} => S'_{CU} \tag{3-16}$$
式中，ϕ'_{CU}、C'_{CU} 分别称为有效内摩擦角和有效粘聚力。

它模拟地基条件在自重或正常荷载下已达到充分固结，而后遇有施加突然荷载的情况。如一般建筑物地基的稳定性验算以及预计建筑物施工期间能够排水固结，但在竣工后将施加大量活载(如料仓)或可能有突然活载(如风力)等情况。

固结排水剪：又称为 CD 试验(Consolidated-Drained)。

$$\tau'_f = \sigma' \tan\phi'_{CD} + C'_{CD} => S'_{CD}$$ (3-17)

它与 CU 试验的有效应力强度相当。其强度指标适用于土层厚度 H 小，渗透系数 k 大及施工速度慢的工程。对于先加竖向荷载，长时期后加水平向荷载的挡土墙、水闸等地基也可考虑采用固结排水剪得到的指标。

3.3.3　土的抗剪强度试验成果整理

直剪试验与三轴试验成果的整理分为作图法和数理统计方法。

直剪试验的成果整理，可以依据每一个土样破坏时的正应力与剪应力在 σ-τ 坐标图中绘出该点，由于该点是土样单元体破坏面上的应力状态，因此该点必然位于该土样的抗剪强度包线上，每一个土样的试验结果的连线即为该土样的抗剪强度包线，如图 3.9 所示。其倾角就是该试验土样的内摩擦角 ϕ，其在 τ 坐标轴上的截距就是土样的粘聚力 C。由材料力学可证明，破坏面与大主应力作用面的夹角 α 为 $45° + \phi/2$，通过该点作直线与 σ 坐标轴的夹角为 $90° + \phi$，就得到该土样的摩尔应力圆，如图 3.9 所示。

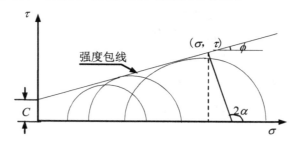

图 3.9　直剪试验成果整理

由于土样试验成果离散性较大，作图法又受人为因素影响，因此这样得出的结果较为粗糙，现在一般采用数理统计方法来求出试验结果。

由库伦公式可知

$$\tau = \sigma \tan\phi + C$$ (3-18)

上式为一直线方程，对于一组 m 个土样剪切试验数据($m \geqslant 3$)，由最小二乘法得

$$\tan\phi = \frac{1}{\Delta}\left(m\sum_{i=1}^{m}\sigma_i\tau_i - \sum_{i=1}^{m}\sigma_i\sum_{i=1}^{m}\tau_i\right)$$ (3-19)

$$C = \frac{\sum_{i=1}^{m}\tau_i}{m} - \tan\phi\frac{\sum_{i=1}^{m}\sigma_i}{m}$$ (3-20)

式中，$\Delta = m\sum_{i=1}^{m}\sigma_i^2 - \left(\sum_{i=1}^{m}\sigma_i\right)^2$。

对于 n 组这样的试验数据，其平均值为

$$\mu_\phi = \frac{\sum_{i=1}^{n}\phi_i}{n}$$ (3-21)

$$\mu_C = \frac{\sum\limits_{i=1}^{n} C_i}{n} \tag{3-22}$$

考虑到土样的离散性，当试验样本数太少时，这样统计的试验指标可能安全保障不够，因此《建筑地基基础设计规范》(GB 50007—2011)规定采用标准值 C_k、ϕ_k。

$$\phi_k = \psi_\phi \mu_\phi \tag{3-23}$$

$$C_k = \psi_C \mu_C \tag{3-24}$$

式中，ψ 称为统计修正系数，由下列统计公式确定：

$$\psi_\phi = 1 - \left(\frac{1.704}{\sqrt{n}} + \frac{4.678}{n^2}\right)\delta_\phi \tag{3-25}$$

$$\psi_C = 1 - \left(\frac{1.704}{\sqrt{n}} + \frac{4.678}{n^2}\right)\delta_C \tag{3-26}$$

式中，δ 称为变异系数，它由标准差 σ 和平准值 μ 确定：

$$\delta = \frac{\sigma}{\mu} \tag{3-27}$$

$$\sigma = \sqrt{\frac{\sum\limits_{i=1}^{n} \mu_i^2 - n\mu^2}{n-1}} \tag{3-28}$$

对于三轴试验，试验时可记录 p、q，这里

$$p = \frac{1}{2}(\sigma_{1f} + \sigma_{3f}) \tag{3-29}$$

$$q = \tau = \frac{1}{2}(\sigma_{1f} - \sigma_{3f}) \tag{3-30}$$

此时

$$\sin\phi = \frac{1}{\Delta}\left(m\sum_{i=1}^{m} p_i\tau_i - \sum_{i=1}^{m} p_i \sum_{i=1}^{m} \tau_i\right) \tag{3-31}$$

$$C = \frac{1}{\cos\phi}\left(\frac{\sum\limits_{i=1}^{m} \tau_i}{m} - \sin\phi \frac{\sum\limits_{i=1}^{m} p_i}{m}\right) \tag{3-32}$$

$$\Delta = m\sum_{i=1}^{m} p_i^2 - \left(\sum_{i=1}^{m} p_i\right)^2 \tag{3-33}$$

式中，σ_{1f} 为剪切破坏时最大主应力；σ_{3f} 为周围应力。

【例 3.1】 已知某土样进行了三组直剪试验，其中的一组直剪试验结果，在法向压力为 σ=100kPa，200kPa，300kPa，400kPa 时，测得抗剪强度分别为 τ_f=67kPa，119kPa，161kPa，215kPa。

试分别用作图法和数理统计公式求该土的抗剪强度指标 C_k，ϕ_k 值(假设这三组数据统计计算的统计修正系数 ψ_ϕ = 0.99 和 ψ_C = 0.95)。若作用在此土中剪切平面上的正应力和剪应力分别为 220 kPa 和 100 kPa 试问是否会剪坏？

【解】

(1) 作图法，如图 3.10 所示。

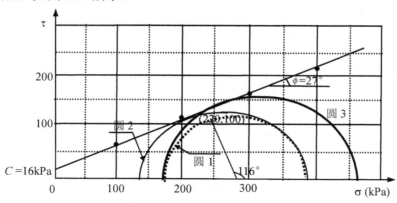

图 3.10　例 3.1 图

从图上量得直线在纵轴上的截距即为 $C=16$ kPa，直线倾角 $\phi = 27°$。也可由式

$$\tau_f = C + \sigma \tan \phi$$

计算，即

$$215 = 16 + 400 \tan \phi$$
$$\tan \phi = 0.498 \qquad \phi = 26.5°$$

数理统计公式(规范 GB 50007—2002 公式)

$$\Delta = 4(100^2 + 200^2 + 300^2 + 400^2) - (100 + 200 + 300 + 400)^2$$
$$= 200\,000$$

$$\tan \phi = \frac{1}{\Delta}(4 \times (100 \times 67 + 200 \times 119 + 300 \times 161 + 400 \times 215)$$
$$- (100 + 200 + 300 + 400) \times (67 + 119 + 161 + 215)$$
$$= \frac{659\,200 - 1\,000 \times 562}{200\,000} = 0.486$$

$$\phi = 25.9°$$

$$C = \frac{562}{4} - \frac{1\,000}{4} \times 0.486 = 19 \text{kPa}$$

取

$$\phi_k = 25.9 \times 0.99 = 25.6°$$
$$C_k = 19 \times 0.95 = 18 \text{kPa}$$

同理，我们可打开 Excel，将上述法向压力 $\sigma = 100$kPa，200kPa，300kPa，400kPa，抗剪强度 $\tau_f = 67$kPa，119kPa，161kPa，215kPa 输入成 2 列。然后插入"图表"，点击"XY 散点图"，点击"平滑散点图"。选定数据区域，在"系列产生在"选项，点选"列"，连续点击"下一步"完成。然后右键点击图中曲线，点击"添加趋势线"，点选"线性类型"，点击"选项"，点选"显示公式"。为了直观显示，可在"趋势预测"选项"前推"和"后推"中各输入 50 个单位。此时可见到公式 $y = 0.486x + 19$，其结果与上述计算完全一致。

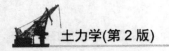

(2) 作图法判断。

将(220,100)画在坐标图上，可见它位于抗剪强度线以下，未剪坏。

(3) 用极限平衡方程判断。

剪切面与大主应力面夹角为 $45° + 25.6°/2 \approx 58°$。由上面取单元体的办法，可求得此土样的大小主应力。

由上述式(3-5)和式(3-6)

$$\sigma - \frac{\sigma_1 + \sigma_3}{2} = \frac{\sigma_1 - \sigma_3}{2}\cos 2\alpha$$

$$\tau = \frac{\sigma_1 - \sigma_3}{2}\sin 2\alpha$$

解出

$$\sigma_1 = \frac{\tau}{\sin 2\alpha} + \sigma - \tau\cot 2\alpha$$

$$= \frac{100}{\sin(2 \times 58°)} + 220 - 100 \times \cot(2 \times 58°) = 380.0\text{kPa}$$

$$\sigma_3 = \sigma_1 - \frac{2\tau}{\sin 2\alpha}$$

$$= 380.0 - \frac{2 \times 100}{\sin(2 \times 58°)} = 157.5\text{kPa}$$

据此画出应力圆 1 于图上，此圆经过点(220,100)。

当 $\sigma_1 = 380.0\text{kPa}$ 时，由极限平衡方程

$$\sigma_3 = \sigma_1\tan^2(45° - \phi/2) - 2\cot(45° - \phi/2)$$

$$= 380\tan^2(45° - 25.6°/2) - 2 \times 18 \times \tan(45° - 25.6°/2)$$

$$= 148.4 - 22.5 = 125.9\text{kPa}$$

据此画出应力圆 2 于图上。

当 $\sigma_3 = 157.5\text{kPa}$ 时，由极限平衡方程

$$\sigma_1 = \sigma_3\tan^2(45° + \phi/2) + 2\cot(45° + \phi/2)$$

$$= 157.5\tan^2(45° + 25.6°/2) + 2 \times 18\tan(45° + 25.6°/2)$$

$$= 403.4 + 57.6 = 461.0\text{kPa}$$

据此画出应力圆 3 于图上。

3.4 土的孔隙压力系数

斯开普敦(Skempton)根据三轴试验结果提出用孔隙压力系数 A、B 来表示土中因主应力增加而产生的孔隙压力的大小。

地基中任一点的应力状态可用微分六面体上作用的九个应力分量来表示。

$$\sigma_{i,j} = \begin{bmatrix} \sigma_x & \tau_{x,y} & \tau_{x,z} \\ \tau_{y,x} & \sigma_y & \tau_{y,z} \\ \tau_{z,x} & \tau_{z,y} & \sigma_z \end{bmatrix} = \begin{bmatrix} \sigma_1 & 0 & 0 \\ 0 & \sigma_2 & 0 \\ 0 & 0 & \sigma_3 \end{bmatrix} \tag{3-34}$$

当应力增量为 $\Delta\sigma$ 时，有效应力增量为

$$\Delta\sigma_1' = \Delta\sigma_1 - \Delta u$$
$$\Delta\sigma_2' = \Delta\sigma_2 - \Delta u$$
$$\Delta\sigma_3' = \Delta\sigma_3 - \Delta u$$

设土骨架为弹性虎克体，则

$$\varepsilon_1 = \frac{\Delta\sigma_1}{E} - \upsilon\frac{\Delta\sigma_2 + \Delta\sigma_3}{E}$$
$$\varepsilon_2 = \frac{\Delta\sigma_2}{E} - \upsilon\frac{\Delta\sigma_1 + \Delta\sigma_3}{E}$$
$$\varepsilon_3 = \frac{\Delta\sigma_3}{E} - \upsilon\frac{\Delta\sigma_1 + \Delta\sigma_2}{E}$$

三式相加，得

$$\varepsilon_v = \Delta V / V = \frac{3(1-2\upsilon)}{E} \times \frac{\Delta\sigma_1 + \Delta\sigma_2 + \Delta\sigma_3}{3} = C_s\Delta\sigma_m \tag{3-35}$$

式中，$C_s = \dfrac{3(1-2\upsilon)}{E}$ 为土骨架压缩系数；$\Delta\sigma_m = \dfrac{\Delta\sigma_1 + \Delta\sigma_2 + \Delta\sigma_3}{3}$ 为平均正应力；υ 为土的泊松比。对于饱和土，忽略水的压缩量，则

$$\varepsilon_v = C_s(\Delta\sigma_m - \Delta u) \tag{3-36}$$

单位土体因为孔隙压力增量作用，使孔隙压缩，其压缩量

$$\frac{\Delta V_v}{V} = C_v\frac{e}{1+e}\Delta u \tag{3-37}$$

式中，C_v 为孔隙体积压缩系数。忽略土颗粒压缩量，则

$$\frac{\Delta V_v}{V} = \frac{\Delta V}{V}$$

即

$$C_s(\Delta\sigma_m - \Delta u) = C_v\frac{e}{1+e}\Delta u$$
$$\Delta u = \frac{1}{1+\dfrac{e}{1+e}\dfrac{C_v}{C_s}}\Delta\sigma_m = B\Delta\sigma_m \tag{3-38}$$

B 称为孔隙压力系数，对于饱和土，孔隙为水所充满，一般压力水平下，水的压缩量可忽略不计，此时 $B=1$。而对于干土，因 C_s 很小，$B\to 0$。

在三轴压缩试验中

$$\Delta\sigma_2 = \Delta\sigma_3$$
$$\Delta u = B\frac{\Delta\sigma_1 + 2\Delta\sigma_3}{3} = B\Delta\sigma_3 + B\frac{\Delta\sigma_1 - \Delta\sigma_3}{3}$$

考虑到土不为弹性体，斯开普敦将 1/3 记为 A，即

$$\Delta u = B\Delta\sigma_3 + AB(\Delta\sigma_1 - \Delta\sigma_3) \tag{3-39}$$

并把 B 看作为只与周围压力有关的系数，而 A 则为只与偏应力有关，这样便于实际工程与试验研究。经长期研究，其 A 值变化范围为 $-0.5\sim3.0$。

【例3.2】已知地基饱和粘土层中某点的竖直压力 $\sigma_z = 200\text{kPa}$，水平向压力 $\sigma_x = 150\text{kPa}$，

孔隙压力 $u=50$kPa。假设土的孔隙压力系数 A、B 在应力变化过程中保持不变。

(1) 从该点取出土样，保持含水量不变，进行三轴试验，测得初始孔隙压力为 $u=-135$kPa (吸力)。求土的孔隙压力系数 A、B 及试样的有效应力状态。

(2) 用该试样做不排水试验，破坏时 $\sigma_3=100$kPa，$\sigma_1-\sigma_3=160$kPa，求此时试样上的有效应力状态及土的不排水抗剪强度 C_u。

【解】

(1) 地基中该点有效应力状态为

$$\sigma_1'=200-50=150\text{kPa}$$
$$\sigma_3'=150-50=50\text{kPa}$$

取出地面后

$$\Delta\sigma_3=-150\text{kPa}, \quad \Delta\sigma_1=-200\text{kPa}$$

孔隙压力变化为

$$\Delta u=B\Delta\sigma_3+AB(\Delta\sigma_1-\Delta\sigma_s)$$
$$u=u_0+\Delta u$$

即

$$-135=50+1\times(-150)+1\times A(-200+150)$$
$$A=0.7$$

此时土样的有效应力状态为

$$\sigma_1'=0-(-135)=135\text{kPa}$$
$$\sigma_3'=0-(-135)=135\text{kPa}$$

(2) 试样破坏时

$$\Delta\sigma_3: 0\rightarrow100\text{kPa} \quad \Delta\sigma_1: 0\rightarrow100+160=260\text{kPa}$$

于是

$$\Delta u=B\Delta\sigma_3+AB(\Delta\sigma_1-\Delta\sigma_3)=1\times100+0.7\times1\times160$$
$$=212\text{kPa}$$
$$u=-135+212=77\text{kPa}$$

有效应力状态为

$$\sigma_1'=260-77=183\text{kPa}$$
$$\sigma_3'=100-77=23\text{kPa}$$

(3) 土的不排水抗剪强度。

$$C_u=1/2(260-100)=80\text{kPa}$$
$$\phi_u=0$$

3.5 土的应力路径

经过研究，人们发现对于同一种土，采用不同的试验方法得出的土的抗剪强度参数的结果也不一样。因此，根据地基中应力变化过程，采用与之相匹配的加荷方式的试验方法，也就成为土力学中重点研究的课题，这就是应力路径的概念。

3.5.1　基本概念

对加荷过程中的土体内某点，其应力状态的变化可在应力坐标图中以应力点的移动轨迹表示。它可以由一系列应力圆来表示其变化，也可以由这些应力圆上的特殊点(如三轴试验采用应力圆的顶点)来表示，其坐标为 $p = (\sigma_1 + \sigma_3)/2$ 和 $q = (\sigma_1 - \sigma_3)/2$。直剪试验则采用剪切面上的应力来表示。按应力变化过程顺序把这些点连接起来，即为其应力路径。

3.5.2　直剪试验的应力路径

在土样的剪切面上，试验开始时，正应力从 0 变化到 σ，此时剪应力为 0。最后剪应力增加到最大。所以该面上的应力状态经历过程为 $O \rightarrow A \rightarrow B$，如图 3.11 所示。

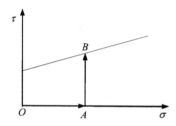

图 3.11　直剪试验的应力路径

3.5.3　三轴试验的应力路径

三轴试验用应力圆上的顶点来表示，其坐标为 $p = (\sigma_1 + \sigma_3)/2$ 和 $q = (\sigma_1 - \sigma_3)/2$。对于常规三轴试验，剪切前

$$\sigma_1 = \sigma_3$$

此时用 A 点表示如图 3.12(a)所示。

剪切破坏后，应力状态位于抗剪强度 K_f 线上，中间变化状态为 $A \rightarrow B$，如图 3.12(a)所示。常规三轴卸荷试验的应力路径为 AC 线。

图中 DE 线表示常规三轴试验的总应力路径，而 DF 线该土样的有效应力路径。两者的水平向差值为孔隙压力 Δu，如图 3.12(b)所示。

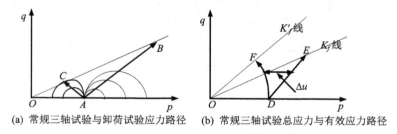

(a) 常规三轴试验与卸荷试验应力路径　　(b) 常规三轴试验总应力与有效应力路径

图 3.12　三轴试验的应力路径

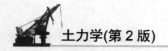

3.5.4 建筑物地基中两种常见情况的应力路径

1. 加载

加荷前
$$\sigma_1 = \gamma z$$
$$\sigma_3 = K_0 \gamma z$$

K_0 圆如图 3.13 所示。

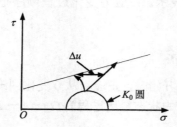

图 3.13 地基中荷载增加时的应力路径

加荷后
$$\sigma_1 = \gamma z + \Delta \sigma_z$$
$$\sigma_3 = K_0 \gamma z + \Delta \sigma_x$$
$$\Delta u = A(\Delta \sigma_z - \Delta \sigma_x)$$

2. 基坑开挖

基坑开挖如图 3.14 所示。

图 3.14 广州某高层建筑基坑工程工地

开挖前 K_0 圆：
$$\sigma_1 = \gamma z$$
$$\sigma_3 = K_0 \gamma z$$

开挖后 K_0 圆：
$$\sigma_1 = \gamma z$$
$$\sigma_3 = 0$$

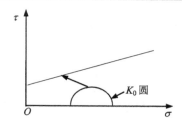

图 3.15 基坑开挖时的应力路径

3.5.5 研究应力路径的意义

一般来说，研究应力路径(图 3.15)意义有下述几个方面。

(1) 了解不同应力路径对 C、ϕ 值的影响。一般说，CD 试验与 CU 试验的应力路径对 C、ϕ 值影响相对较小一些。但对各向同性的土，所得抗剪强度差别较大。

(2) 了解不同应力路径对应力-应变关系的影响(影响较大)。

(3) 可应用于指导解决地基加固等工程问题。

本 章 小 结

本章主要介绍土的抗剪强度的有关理论与抗剪强度指标的试验方法。土的极限平衡理论、抗剪强度指标的试验方法是本章的重点。应着重讲述不同固结和排水条件下土的抗剪强度指标的意义及其工程应用。并结合孔隙水压力系数和应力路径的概念解决实际工程问题中的强度和稳定问题。

重点掌握直剪试验和三轴压缩试验的试验方法、试验资料的整理和成果的应用。

掌握这些理论进行岩土工程施工与设计是重要的，但一定要注意土是与环境紧密结合的，如今后在进行滑坡治理时，尽量注意坡面的绿化；进行地基处理时，则应该尽量避免环境污染问题。

习 题

1. 某建筑物拟建场地的 5 个钻孔中各取一组粘土层试样，进行直剪试验，试验数据见表 3-1。试确定其土层抗剪强度指标标准值。

表 3-1 直剪试验数据

土样编号	σ / kPa	剪应力 τ / kPa				
		1	2	3	4	5
1	100	55	60	52.5	52.0	54.0
2	200	80	85	75.0	78.0	84.0
3	300	110	115	100.5	106.0	110.0

2. 某饱和土固结不排水三轴试验结果见表 3-2，试求该土的总应力抗剪强度指标和有效应力强度指标。

表 3-2　固结不排水三轴试验数据

土样编号	σ_3/kPa	σ_{1f}/kPa	u/kPa	q/kPa	p/kPa	p'/kPa
1	100	211	43	55.5	155.5	112.5
2	200	401	92	100.5	300.5	208.5
3	300	590	142	145.0	445.0	303.0

3. 某饱和土固结不排水三轴试验结果见表 3-3，试求该土的总应力抗剪强度指标、有效应力强度指标和孔隙压力系数。

表 3-3　固结不排水三轴试验数据

土样编号	σ_3/kPa	σ_{1f}/kPa	u/kPa	q/kPa	p/kPa	p'/kPa
1	100	210	65	55.0	155.0	90.0
2	200	390	115	95.0	295.0	180.0
3	300	580	155	140.0	440.0	285.0

4. 某正常固结饱和粘性土层，对其取土样进行 UU 试验，得 C_u=30kPa，$\phi_u=0°$。对其取土样进行 CD 试验，得 $C'=0$，$\phi'=26°$。求：

(1) 该土层在施工荷载增加条件下，地基中某点其小主应力 σ_3=200kPa，如果该点破坏时(极限平衡条件)大主应力是多少？此时破坏面上的正应力和剪应力(抗剪强度)为多少？破坏面与大主应力的方向？

(2) 该点在施工荷载很长时间后，充分排水，地基中某点其小主应力 σ_3=200kPa，此时破坏时其大主应力为多少？此时破坏面上的正应力和剪应力(抗剪强度)为多少？破坏面与大主应力的方向？(用图表示)

第 4 章
地基中应力计算

知识要点	掌握程度	相关知识
土体的应力-应变关系	(1) 掌握完全弹性体、各向同性体的概念 (2) 掌握自重应力及附加应力的意义	地基变形理论
土中应力计算和分布规律	(1) 了解土中应力的概念 (2) 掌握土中自重应力的计算方法 (3) 掌握基底压力、基底附加压力计算方法	(1) 土中应力分布 (2) 竖直偏心荷载作用下的基底压力
地基附加应力的计算方法	(1) 重点掌握矩形均布荷载作用下的附加应力计算 (2) 掌握三角形分布的矩形荷载作用下的附加压力计算 (3) 掌握条形荷载作用下的附加压力计算	(1) Boussinesq 弹性理论 (2) 非均质和各向同性地基中的附加应力 (3) 双层地基中应力的集中和扩散

技能要点

技能要点	掌握程度	应用方向
地基附加应力计算	熟练掌握不同荷载分布时土中附加应力的计算方法	地基的强度与变形计算

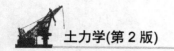

 **基本概念**

自重应力、基底压力、地基附加应力

 引例

土体本身的重量、建筑荷载、交通荷载或其他因素的作用下,均可产生土中应力。土中应力将引起地基发生沉降、倾斜变形甚至破坏等,如果地基变形过大,将会危及建筑物的安全和正常使用。因此,为了保证建筑物的安全和正常使用,需对地基变形问题和强度问题进行计算分析,进行此项工作的基础就是确定地基土体中的应力,土中应力计算是研究和分析土体变形、强度和稳定等问题的基础和依据。在实际工程中,土中应力主要包括自重应力与附加应力两种。由土体重量引起的应力称为自重应力。附加应力是在外荷载(如建筑物荷载、车辆荷载、水在土中的渗流力、地震荷载)作用下,在土中产生的应力增量等。

4.1 概 述

土体作为建筑物的地基,承受着建筑物传来的荷载,而土像其他材料一样,受力后也会产生应力和变形,使建筑物发生沉降、倾斜和水平位移。如果应力变化引起的变形量在容许范围内,则不会对建筑物的使用和安全造成危害,当外荷载在土中引起的应力过大时,会导致建筑物产生过量变形而影响其正常和安全使用,甚至会使土体发生整体破坏而失去稳定。而对建筑物地基基础进行沉降(变形)、承载力与稳定分析,都必须掌握建筑前后土中应力的分布和变化情况。实际工程中土体的应力主要包括土体本身自重产生的自重应力及由外荷载引起的附加应力。

4.1.1 土体的应力-应变关系

土体实际应力的大小与分布情况,主要取决于土作为受力材料的应力-应变关系、土体所受荷载的特性以及土体受力的范围。由于土体是自然历史的产物,具有碎散性、三相性和时空变异性,加之土体所处环境的复杂性和可变性,使得实际土体的应力-应变关系是非常复杂的,使用中多对其进行简化处理。目前计算土中应力的方法,主要是经典弹性力学解法。也就是把地基土视为理想弹性体。所谓理想弹性体是指受力是连续的、完全弹性的、均匀的和各向同性的物体。

实际上，土体是不符合理想弹性体的含义的，但是在通常情况下，尤其是在中小应力条件时，引用理想弹性体理论计算土体中的应力，能够满足一般工程设计的要求。因此，工程中通常都采用经典弹性理论进行计算和设计。现具体分析如下。

(1) 连续体是指整个物体所占据的空间都被介质填满不留任何空隙。土是由颗粒堆积而成的具有孔隙的非连续体，因此，在研究土体内部微观受力情况时(如颗粒之间的接触力和颗粒的相对位移)，必须把土当成散粒状的三相体来看待；但当我们研究宏观土体的受力问题时，土体的尺寸远大于土颗粒的尺寸，这样就可以把土体当作连续体对待。

(2) 完全弹性体，是指应力与应变呈线性正比关系，且应力卸除后变形可以完全恢复。根据土样的单轴压缩试验资料，当应力很小时，土的应力-应变关系曲线就不是一条直线，如图 4.1 所示，即土的变形具有明显的非线性特征。而且在应力卸除后，应变也不能完全恢复。但在实际工程中土中应力水平较低，土的应力-应变关系接近于线性关系，可以用弹性理论方法。但是对一些十分重要、对沉降有特殊要求的建筑物或特别大的重型而复杂的工程，用弹性理论进行土体中的应力分析就可能精度不够，这时必须借助土的更复杂的应力-应变关系和力学原理才能得到比较符合实际的应力与变形解答。

(3) 均质是指受力体各点的性质是相同的。天然地基土是由成层土组成的，因此，将土体视为均质将会产生一定的误差，不过当各层土的性质相差不大时，将土作为均质体所引起的误差不大。

(4) 各向同性，主要是指受力体在同一点处的各个方向上性质相同。天然地基土往往由成层土所组成，可能具有复杂的构造，即使是同一成层土，其变形性质也随深度而变，地基土的非均质很显著，因此，将土体视为各向同性也会带来误差。但当土性质的方向性不是很强，假定其为各向同性对应力分布引起的误差，通常也在容许范围之内。如果土的各向异性特点很明显而不能忽略时，应采用可以考虑材料各向异性的弹性理论计算应力。

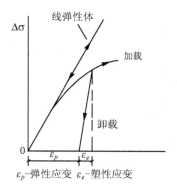

图 4.1　土的应力-应变关系

4.1.2　土力学中应力符号的规定

土是散粒体，一般不能承受拉力。在土中出现拉应力的情况很少，因此在土力学中对土中应力的正负号常作如下规定：法向应力以压为正，剪应力以逆时针方向为正，如图 4.2 所示。

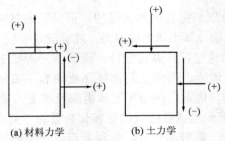

(a) 材料力学　　　　　(b) 土力学

图4.2　土力学与材料力学应力符号的规定

4.2　地基中的自重应力

自重应力是指在未修建建筑之前，地基中由于土体本身的有效重量而产生的应力。所谓有效重量是指土颗粒之间接触点传递的应力，本节所讨论的自重应力都是有效自重应力，以后各章有效自重应力均简称为自重应力。研究地基自重应力的目的是为了确定土体的初始应力状态。在计算土中自重应力时，假定天然土体在水平方向及在地面以下都是无限大的，所以在任一竖直面和水平面上都无剪应力存在。也就是说，土体在自重作用下无侧向变形和剪切变形，只会发生竖向变形。

假定土体中所有竖直面和水平面上均无剪应力存在，故地基中任意深度 z 处的竖向自重应力就等于单位面积上的土柱重量。如果地面下土质均匀，天然重度为 γ，则在天然地面下 z 处 a-a 水平面上的竖向自重应力 σ_{cz}，可取作用于该水平面上任一单位面积的土柱自重 $\gamma z \times 1$ 计算，如图4.3所示，即

$$\sigma_{cz} = \gamma z \tag{4-1}$$

σ_{cz} 沿水平面均匀分布，且与 z 成正比，即随深度按直线规律分布，如图4.3(a)所示。

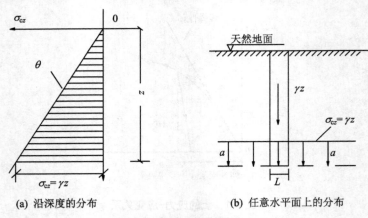

(a) 沿深度的分布　　　　　　(b) 任意水平面上的分布

图4.3　均质土中竖向自重应力

如果地基是由不同性质的若干层土组成，或有地下水存在时，则在地面以下任一深度 z 垂直方向的自重应力为

$$\sigma_{cz} = \sum_{i=1}^{n} \gamma_i h_i \tag{4-2}$$

式中，γ_i——第 i 层土的重度，如该层在地下水位以下，则用浮重度，kN/m³；

h_i——第 i 层土的厚度，m。

如图 4.4 所示为由三层土组成的土体，在第三层底面处土体底面处土体垂直方向的自重应力为

$$\sigma_{cz} = \gamma_1 h_1 + \gamma_2 h_2 + \gamma_3' h_3 \tag{4-3}$$

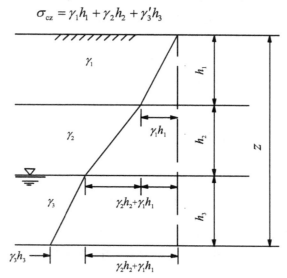

图 4.4 土体的自重应力分布

式中，$h_1 + h_2 + h_3 = z$；γ_3' 为第三层土在地下水位下的浮重度，kN/m³。

对于侧向自重应力 σ_{cx} 和 σ_{cy}，根据广义虎克定律

$$\varepsilon_x = \frac{\sigma_{cx}}{E} - \frac{\upsilon}{E}(\sigma_{cy} + \sigma_{cz}) \tag{4-4}$$

由于是侧限条件，有 $\varepsilon_x = \varepsilon_y = 0$，且侧向自重应力 $\sigma_{cx} = \sigma_{cy}$，则可得

$$\sigma_{cx} = \sigma_{cy} = \frac{\upsilon}{1-\upsilon}\sigma_{cz} = K_0 \sigma_{cz}$$

式中，E——弹性模量，对于土用变形模量，kPa；

υ——土的泊松比；

K_0——土的静止侧压力系数，$K_0 = \dfrac{\upsilon}{1-\upsilon}$，各类土 K_0 的经验值见表 4-1。

表 4-1 各类土 K_0 的经验值

土的种类和状态	K_0	υ
碎石土	0.18~0.25	0.15~0.20
砂土	0.25~0.33	0.20~0.25
粉土	0.33	0.25
粉质粘土：坚硬状态	0.33	0.25
可塑状态	0.43	0.30
软塑及流塑状态	0.53	0.35
粘土：坚硬状态	0.33	0.25

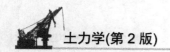

续表

土的种类和状态	K_0	υ
可塑状态	0.53	0.35
软塑及流塑状态	0.72	0.42

【例4.1】 某工程地质柱状图及土的物理性质指标如图4.5所示，求各土层交界处的自重应力并绘出自重应力分布图。

土层名称	土层柱状图	深度/m	土层厚度/m	土的重度	地下水位	土的自重应力曲线
粉质黏土		4.0	4.0	$\gamma_1 = 16.5$		66 kPa
黏土		7.0	3.0	$\gamma_2 = 18.5$	▽	121.5 kPa
砂土		9.0	2.0	$\gamma_{sat} = 20.0$		141.5 kPa

图4.5 例4.1 土层条件示意图

【解】

第一层土底面

$$\sigma_{cz} = \gamma_1 h_1 = 16.5 \times 4 = 66 \, kPa$$

第二层土底面

$$\sigma_{cz} = \gamma_1 h_1 + \gamma_2 h_2 = 66 + 18.5 \times 3 = 121.5 \, kPa$$

第三层土是位于地下水位以下的透水层，取土体的有效重度进行计算，则第三层土底面

$$\sigma_{cz} = \gamma_1 h_1 + \gamma_2 h_2 + \gamma_3 h_3 = 121.5 + (20 - 10) \times 2 = 141.5 \, kPa$$

根据计算结果可绘出土的自重应力曲线，如图4.5所示。

【例4.2】 某土层及其物理性质指标如图4.6所示，计算土中自重应力。

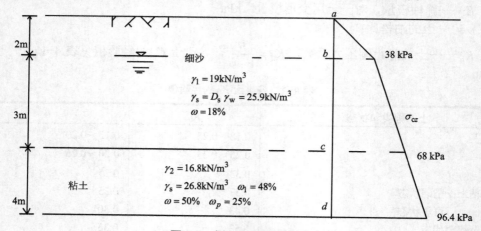

图4.6 例4.2 土层示意图

【解】

第一层为细砂，地下水位以下的细砂受到水的浮力作用，其浮重度 γ' 为

$$\gamma' = \frac{(\gamma_s - \gamma_w)\gamma}{\gamma_s(1+\omega)} = \frac{(25.9-9.81)\times 19}{25.9\times(1+0.18)} = 10 \text{ kN/m}^3$$

第二层为粘土层，其液性指数 $I_1 = \dfrac{\omega - \omega_P}{\omega_1 - \omega_P} = \dfrac{50-25}{48-25} = 1.09 > 0$

应考虑浮力的影响，浮重度为

$$\gamma' = \frac{(\gamma_s - \gamma_w)\gamma}{\gamma_s(1+\omega)} = \frac{(26.8-9.81)\times 16.8}{26.8\times(1+0.50)} = 7.1 \text{ kN/m}^3$$

a 点：$z = 0$，$\sigma_{cz} = \gamma z = 0$

b 点：$z = 2\text{m}$，$\sigma_{cz} = \gamma z = 19\times 2 = 38 \text{ kPa}$

c 点：$z = 5\text{m}$，$\sigma_{cz} = \sum \gamma_i h_i = 19\times 2 + 10\times 3 = 68 \text{ kPa}$

d 点：$z = 9\text{m}$，$\sigma_{cz} = \sum \gamma_i h_i = 19\times 2 + 10\times 3 + 7.1\times 4 = 96.4 \text{ kPa}$

土层中的自重应力 σ_{cz} 分布如图 4.6 所示。

4.3　基底压力

我们要研究地基的强度、变形和稳定问题，就要研究地基中的应力变化。为研究问题的方便，首先我们研究基础底面的接触压力。

4.3.1　基底压力的分布

建筑物的荷载是通过它的基础传给地基的。基础与地基接触面处的压力称为基底压力，基底压力又称接触压力。基底压力的大小和分布状况，将对地基内部的附加应力有着十分重要的影响。而基底压力的大小和分布状况，又与荷载的大小和分布、基础的刚度、基础的埋置深度以及土的性质等多种因素有关。

试验研究指出，对于刚性很小的基础或柔性基础，由于它能够适应地基土的变形，故基底压力大小和分布状况与作用在基础上的荷载大小和分布状况相同。当基础上的荷载均匀分布时，则基底压力(常以基底反力形式表示)也为均匀分布，如图 4.7(a)所示；当荷载为梯形分布时，其基底压力也为梯形分布，如图 4.7(b)所示。

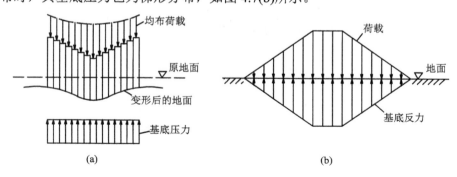

图 4.7　柔性基础基底反力的分布

对于刚性基础，由于其刚度很大，不能适应地基土的变形，其基底压力分布将随上部荷载的大小、基础的埋置深度和土的性质的变化而变化。例如，建造在砂土地基表面上的条形基础，当受到中心荷载作用时，由于砂土颗粒之间没有粘聚力，则基底压力中间大、边缘处等于零，类似于抛物线分布，如图 4.8(a)所示；而在粘土层地基表面上的条形刚性基础，当受到中心荷载作用时，由于粘性土具有粘聚力，基底边缘处能承受一定的压力，因此在荷载较小时，基底压力边缘大而中间小，类似于马鞍形分布。当荷载逐渐增大并达到破坏时，基底压力分布就变成中间大而边缘小的形状，如图 4.8(b)所示。

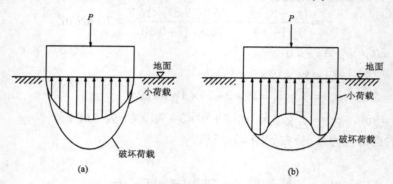

图 4.8　刚性基础基底分布示意图

上述基础底面接触压力呈各种曲线形状的分布，应用不便。鉴于目前尚无既精确而又简便的基底压力计算方法，在实用上通常采用下列简化计算。

4.3.2　基底压力的简化计算方法

1. 竖直中心荷载作用下的基底压力

如图 4.9(a)当竖向荷载的合力通过基础底面的形心点时，基底压力假定为均匀分布，并按下式计算

$$p = \frac{P}{A} \tag{4-5}$$

式中，$P = F_k + G_k$；F_k 为相应于荷载效应标准组合时，上部结构传至基础顶面的竖向力；G_k 为基础自重和基础上的土重；A 为基础底面面积。

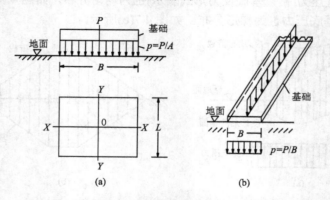

图 4.9　竖直中心荷载作用下基底压力的分布

其中，$G_k = \gamma_G Ad$，γ_G 为基础及回填土的平均重度，一般取为 20kN/m³，当有地下水存在时，地下水位以下取浮重度；d 为基础埋深，单位为 m；对矩形基础，$A = BL$，B 和 L 分别为基础的短边与长边，对荷载沿长度方向均匀分布的条形基础，可沿长度方向取 1 延米进行计算，如图 4.9(b)所示，则 F_k、G_k 为 1 延米长上面的荷载。

2. 竖直偏心荷载作用下的基底压力

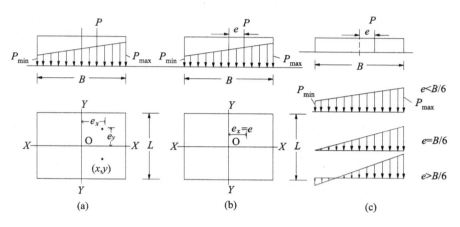

图 4.10　竖直偏心荷载作用下的基底压力分布

如图 4.10(a)所示，当矩形基础上作用着竖直偏心荷载 P 时，则任意点的基底压力，可按材料力学偏心受压公式进行计算，即

$$p_{(x,y)} = \frac{P}{A} + \frac{M_x}{I_x}y + \frac{M_y}{I_y}x \tag{4-6}$$

式中，$p_{(x,y)}$——任意点[坐标为(x,y)]的基底压力；

$M_x = Pe_y$——偏心荷载对 X-X 轴的力矩(e_y 为偏心荷载对 X-X 轴的力臂)；

$M_y = Pe_x$——偏心荷载对 Y-Y 轴的力矩(e_x 为偏心荷载对 Y-Y 轴的力臂)；

$I_x = \dfrac{BL^3}{12}$——基础底面积对 X-X 轴的惯性矩；

$I_y = \dfrac{LB^3}{12}$——基础底面积对 Y-Y 轴的惯性矩。

若荷载作用在主轴上，例如 X-X 轴上，如图 4.10(b)所示，此时 e_y 为零，则 M_x 为零。令合力偏心矩 $e_x = e$，并将 $I_y = \dfrac{LB^3}{12}$，$x = \pm\dfrac{B}{2}$ 代入式(4-6)，即可得到矩形基础在竖向偏心荷载作用下，基底两侧的最大和最小压力的计算公式为

$$p_{\min}^{\max} = \frac{P}{A}(1 \pm \frac{6e}{B}) \tag{4-7a}$$

同理，对于条形基础，如图 4.10(c)所示基底两侧最大和最小压力为

$$p_{\min}^{\max} = \frac{\overline{P}}{A}(1 \pm \frac{6e}{B}) \tag{4-7b}$$

式中，$\overline{P}$ 为条形基础上的线荷载(kN/m)。

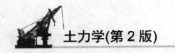

由式(4-7a)(4-7b)可知：

当 $e<\dfrac{B}{6}$ 时，$P_{min}>0$，基底压力呈梯形分布；

当 $e=\dfrac{B}{6}$ 时，$p_{min}=0$，基底压力呈三角形分布；

当 $e>\dfrac{B}{6}$ 时，则 $P_{min}<0$，即基底一侧将出现拉力，如图 4.10(c)所示。

一般而言，在工程上是不允许基底出现拉力的，因此，在设计基础尺寸时，应使合力偏心矩满足 $e<\dfrac{B}{6}$ 的条件。

3. 倾斜偏心荷载作用下的基底压力

如图 4.11 所示，当基础受到倾斜偏心荷载作用时，可先将偏心荷载 R（或 $\overline{R}$）分解为竖向分量 P（或 $\overline{P}$）和水平分量 H（或 $\overline{H}$），其中 $P=R\cos\beta$（或 $\overline{P}=\overline{R}\cos\beta$）、$H=R\sin\beta$（或 $\overline{H}=\overline{R}\sin\beta$），$\beta$ 为倾斜荷载与竖直线之间的夹角。有竖直偏向荷载引起的基底压力按式(4-7a)或式(4-7b)计算。水平基底压力，假定为均匀分布，对于矩形基础

$$p_{h}=\frac{H}{A} \tag{4-8}$$

对于条形基础，则为

$$p_{h}=\frac{\overline{H}}{B} \tag{4-9}$$

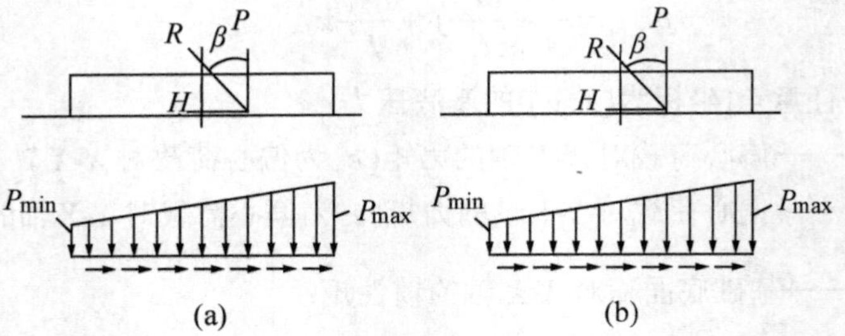

图 4.11　倾斜偏心荷载作用下基底压力的分布

4.3.3　基底附加压力

建筑物建造前，地基土中早已存在自重应力。如果基础砌筑在天然地面上，那么全部基底压力就是新增加于地基表面的基底附加压力。一般天然土层在自重作用下的变形早已结束，因此，只有基底附加压力才能引起地基的附加应力和变形。

实际上，一般浅基础总是埋置在天然地面下一定深度处，该处原有的自重应力由于基坑开挖而卸除。因此，由建筑物建造后的基底压力中扣除基底标高处原有的土中自重应力后，才是基底平面处新增加于地基的基底附加压力，如图 4.12 所示。基底平均附加压力值 p_{0} 按下式计算

$$p_{0}=p_{k}-\sigma_{c} \tag{4-10}$$

式中，p_k——基底平均压力标准值，kPa；

σ_c——土中自重应力标准值，kPa，基底处 $\sigma_c = \gamma_0 d$；

γ_0——基础底面标高以上天然土层的加权平均重度，kN/m³，$\gamma_0 = (\gamma_1 h_1 + \gamma_2 h_2 + \cdots)/(h_1 + h_2 + \cdots)$，地下水位以下取有效重度；

d——基础埋深，m，应从天然地面算起，对于新填土场地则应从老天然地面算起，$d = h_1 + h_2 + \cdots$

有了基底附加压力，即可把它作为作用在弹性半空间表面上的局部荷载，由此根据弹性力学求算地基中的附加应力。实际上，基底附加压力一般作用在地表下一定深度(指浅基础的埋深)处，因此，假设它作用在半空间表面上，而运用弹性力学解答所得的结果只是近似的，不过，对于一般浅基础来说，这种假设所造成的误差可以忽略不计。

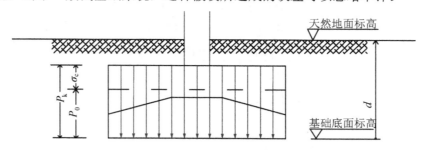

图 4.12   基底平均附加压力的计算

必须指出，当基坑的平面尺寸和深度较大时，坑底回弹是明显的，且基坑中点的回弹大于边缘点。在沉降计算中，为了适当考虑这种坑底的回弹和再压缩而增加的沉降，可改取 $p_0 = p - \alpha \sigma_c$，其中 α 为 0～1 的系数。此外式(4-10)尚应保证坑底土质不发生浸水膨胀的条件。

4.4   地基附加应力的空间课题

至此，我们已经知道了地基的变形主要是由于地基中的附加应力所引起。而计算地基中附加应力首先必须作出一些基本假定。

4.4.1   假定

目前在求解地基中的附加应力时，一般假定地基土是连续、均匀、各向同性的完全弹性体，然后根据弹性理论的基本公式进行计算。

计算地基附加应力时，都把基底看成是柔性荷载，而不考虑基础刚度的影响。另外按照问题的性质，将应力划分为空间问题和平面问题两大类型。若应力是 x、y、z 三个坐标的函数，则称为空间问题，矩形、圆形等基础($L/B < 10$)下的附加应力计算即属空间问题；若应力是 x、z 两个坐标的函数，则称为平面问题，条形基础下的附加应力计算即属于此类。本章只介绍空间问题条件下的附加应力计算。

4.4.2 竖向集中荷载作用下的附加应力

如图 4.13 所示,当半无限弹性体表面上作用着竖向集中力 P 时,弹性体内部任意点 M 的六个应力分量 σ_z、σ_x、σ_y、$\tau_{xy} = \tau_{yx}$、$\tau_{zx} = \tau_{xz}$、$\tau_{yz} = \tau_{zy}$,和三个位移分量 u、v、w 由弹性理论求出的表达式为

$$\sigma_z = \frac{3P}{2\pi R^2}\cos^3\theta = \frac{3P}{2\pi}\frac{z^3}{R^5} \tag{4-11}$$

$$\left.\begin{array}{l} \sigma_x = \dfrac{3P}{2\pi}\left\{\dfrac{x^2 z}{R^5} + \dfrac{1-2\upsilon}{3}\left[\dfrac{1}{R(R+z)} - \dfrac{(2R+z)x^2}{(R+z)^2 R^3} - \dfrac{z}{R^3}\right]\right\} \\[3mm] \sigma_y = \dfrac{3P}{2\pi}\left\{\dfrac{y^2 z}{R^5} + \dfrac{1-2\upsilon}{3}\left[\dfrac{1}{R(R+z)} - \dfrac{(2R+z)y^2}{(R+Z)^2 R^3} - \dfrac{z}{R^3}\right]\right\} \\[3mm] \tau_{xy} = \dfrac{3P}{2\pi}\left[\dfrac{xyz}{R^5} + \dfrac{1-2\upsilon}{3}\dfrac{(2R+z)xy}{(R+z)^2 R^3}\right] \\[3mm] \tau_{xz} = \dfrac{3P}{2\pi}\dfrac{xz^2}{R^5} \\[3mm] \tau_{yz} = \dfrac{3P}{2\pi}\dfrac{yz^2}{R^5} \end{array}\right\} \tag{4-12}$$

$$u = \frac{P(1+\upsilon)}{2\pi E}\left[\frac{xz}{R^3} - (1-2\upsilon)\frac{x}{R(R+z)}\right] \tag{4-13}$$

$$v = \frac{P(1+\upsilon)}{2\pi E}\left[\frac{yz}{R^3} - (1-2\upsilon)\frac{y}{R(R+z)}\right] \tag{4-14}$$

$$w = \frac{P(1+\mu)}{2\pi E}\left[\frac{z^2}{R^3} - 2(1-\upsilon)\frac{1}{R}\right] \tag{4-15}$$

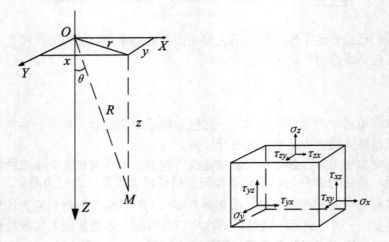

图 4.13　竖直集中力作用下土体中的应力状态

式(4-11)和式(4-12)为著名的布西奈斯克(Boussinesq)解答。它是求解地基附加应力的基本公式。

对于土力学来说，水平面上的竖向(或法向)应力分量σ_z具有特别重要意义，因为它是使地基土产生压缩变形的主要原因。因此，下面主要讨论竖向应力的计算及其分布规律。由图 4.13 所示的几何关系，式(4-11)可改写为

$$\sigma_z = \frac{3P}{2\pi}\frac{z^3}{R^5} = \frac{3P}{2\pi z^2}\frac{1}{\left[1+\left(\dfrac{r}{z}\right)^2\right]^{5/2}} \tag{4-16}$$

令 $K = \dfrac{3}{2\pi}\dfrac{1}{\left[\left(\dfrac{r}{z}\right)^2+1\right]^{5/2}}$，则上式可改写为

$$\sigma_z = K\frac{P}{z^2} \tag{4-17}$$

式中，K为竖向集中力作用下的地基竖向附加应力系数，简称集中应力系数，按$\dfrac{r}{z}$值由表 4-2 查得。

表 4-2　集中应力系数 K

$\frac{r}{z}$	K	$\frac{r}{z}$	K	$\frac{r}{z}$	K	$\frac{r}{z}$	K	$\frac{r}{z}$	K
0	0.477 5	0.50	0.273 3	1.00	0.084 4	1.50	0.025 1	2.00	0.008 5
0.05	0.474 5	0.55	0.246 6	1.05	0.074 4	1.55	0.022 4	2.20	0.005 8
0.10	0.465 7	0.60	0.221 4	1.10	0.065 8	1.60	0.020 0	2.40	0.004 0
0.15	0.451 6	0.65	0.197 8	1.15	0.058 1	1.65	0.017 9	2.60	0.002 9
0.20	0.432 9	0.70	0.176 2	1.20	0.051 3	1.70	0.016 0	2.80	0.002 1
0.25	0.410 3	0.75	0.156 5	1.25	0.045 4	1.75	0.014 4	3.00	0.001 5
0.30	0.384 9	0.80	0.138 6	1.30	0.040 2	1.80	0.012 9	3.50	0.000 7
0.35	0.357 7	0.85	0.122 6	1.35	0.035 7	1.85	0.011 6	4.00	0.000 4
0.40	0.329 4	0.90	0.108 3	1.40	0.031 7	1.90	0.010 5	4.50	0.000 2
0.45	0.301 1	0.95	0.095 6	1.45	0.028 2	1.95	0.009 5	5.00	0.000 1

从式(4-16)可知，在集中力作用线上，附加应力σ_z随着深度z的增加而递减，而离集中力作用线某一距离r时，在地表处的附加应力σ_z为零，随着深度的增加，σ_z逐渐递增，但是到一定深度后，σ_z又随深度z的增加而减小，如图 4.14(a)所示；当z一定时，即在同一水平面上，附加应力σ_z将随r的增大而减小，如图 4.14(b)所示。

【例 4.3】　在地基上作用一竖向集中力$P = 200\text{kN}$，要求确定：①在地基中$z = 2\text{m}$的水平面上，水平距离$r = 0$、1、2、3、4m 处各点的附加应力σ_z值，并绘出分布图；②在地基中$r = 0$的竖直线上距地基表面$z = 0\text{m}$、1m、2m、3m、4m 处各点的σ_z值，并绘出分布图；③取$\sigma_z = 10\text{kPa}$、5kPa、2kPa、1kPa，反算在地基中$z = 2\text{m}$的水平面上的r值和$r = 0$的竖直线上的z值，并绘出相应于该四个应力值的σ_z等值线图。

【解】 ①各点的竖向附加应力 σ_z 可按式(4-17)计算，计算资料见表 4-3，σ_z 的分布图如图 4.15 所示。

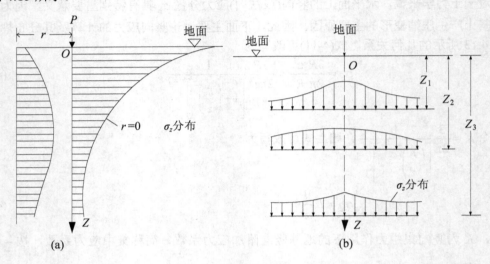

图 4.14　附加应力的分布情况

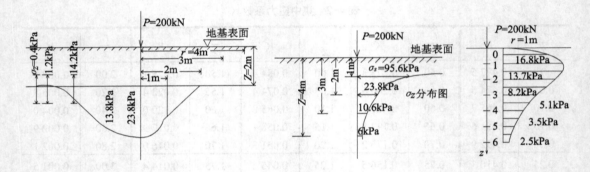

图 4.15　例 4.3 附加应力计算示意图

表 4-3　$z=2\text{m}$ 处水平面上竖向应力 σ_z 的计算

z/m	R/m	$\dfrac{r}{z}$	K(查表 4-2)	$\sigma_z = K\dfrac{P}{Z^2}$
2	0	0	0.477 5	23.8
2	1	0.5	0.273 3	13.6
2	2	1	0.084 4	4.2
2	3	1.5	0.025 1	1.2
2	4	2	0.008 5	0.4

② σ_z 的计算资料见表 4-4。

表 4-4 $r=0\mathrm{m}$ 处水平面上竖向应力 σ_z 的计算

z/m	R/m	$\dfrac{r}{z}$	K（查表 4-2）	$\sigma_z = K\dfrac{P}{Z^2}$
0	0	0	0.477 5	∞
1	0	0	0.477 5	95.6
2	0	0	0.477 5	23.8
3	0	0	0.477 5	10.6
4	0	0	0.477 5	6.0

③ 反算资料见表 4-5，σ_z 等值线图如图 4.16 所示。

表 4-5 $z=2\mathrm{m}$ 处水平面上 r 的反算及 $r=0$ 处竖直线上 z 的计算

z/m	R/m	$\dfrac{r}{z}$	K（查表 4-2）	$\sigma_z = K\dfrac{P}{Z^2}$
2	1.30	0.65	0.200 0	10
2	1.90	0.95	0.100 0	5
2	2.60	1.30	0.040 0	2
2	3.20	1.60	0.020 0	1
3.1	0	0	0.477 5	10
4.4	0	0	0.477 5	5
6.9	0	0	0.477 5	2
9.8	0	0	0.477 5	1

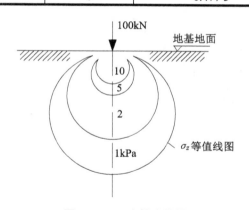

图 4.16 σ_z 全等直线图

4.4.3 矩形均布荷载作用下的附加应力

任何建筑物都通过一定尺寸的基础把荷载传给地基。基础的形状和基础底面上的压力分布各不相同，但都可以利用前述集中荷载引起的应力计算方法和弹性体中的应力叠加原理计算地基内任意点的附加应力。建筑物柱下基础通常是矩形基础。以下讨论矩形面积上各类分布荷载在地基中引起的附加应力计算。

假设矩形荷载面的长边和短边长度分别为 L 和 B，作用于地基上的竖向均布荷载为 p_0，则可以利用上面基本公式(4-16)沿着整个矩形面积进行积分，从而求得基础角点下任意深度处的竖向附加应力，然后运用角点法求得矩形荷载下任意点的地基附加应力。以矩形荷载面角点为坐标原点 O，如图 4.17 所示，在荷载面内坐标为 (x, y) 处取一微面积 $\mathrm{d}x\mathrm{d}y$，并将其上的分布荷载以集中力 $p\mathrm{d}x\mathrm{d}y$ 来代替，则在角点下任意深度 z 的 M 点处由该微小集中力引起的竖向附加应力为

$$\mathrm{d}\sigma_z = \frac{3p_0}{2\pi} \frac{1}{\left[1+\left(\frac{r}{z}\right)^2\right]^{5/2}} \frac{\mathrm{d}x\mathrm{d}y}{z^2} \tag{4-18}$$

将 $r^2 = x^2 + y^2$ 代入并沿着整个底面面积积分，即得均布荷载角点下的竖向附加应力

$$\sigma_z = \int_0^B \int_0^L \frac{3p_0}{2\pi} \frac{z^3}{\left(\sqrt{x^2+y^2+z^2}\right)^5} \mathrm{d}x\mathrm{d}y$$

$$= \frac{p_0}{2\pi}\left[\frac{mn}{\sqrt{1+m^2+n^2}}\left(\frac{1}{m^2+n^2}+\frac{1}{1+n^2}\right)+\arctan\frac{m}{n\sqrt{(1+m^2+n^2)}}\right]$$

$$= K_s p_0 \tag{4-19}$$

K_s 为矩形基础、底面受竖直均布荷载作用时，角点 M 以下的竖向附加应力分布系数，它是 m（等于 L/B）和 n（等于 z/B）的函数，可查表 4-6。

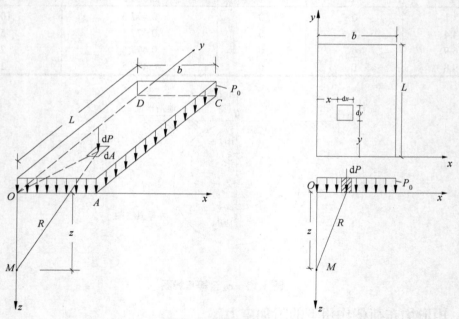

图 4.17　均布矩形荷载角点下的附加应力 σ_z

对于基底范围以内或以外任意点的附加应力，可以利用式(4-19)并按叠加原理进行计算，这种方法称之为"角点法"。如图 4.18 所示，设矩形基底 $abcd$ 上作用着竖直均布荷载为 p，现要求在基底内 M 下任意深度 z 处的附加应力 σ_z。计算时，通过 M 点把荷载分成若干个矩形面积，这样 M 点就必须是划分出的各个矩形的公共角点，然后再按式(4-19)计算每个矩形角点处同一深度 z 处的 σ_z，并求其代数和。四种情况分别如下。

表 4-6 矩形基底受竖直均布荷载作用时角点下的应力系数 K_s 值

n\m	1.0	1.2	1.4	1.6	1.8	2.0	3.0	4.0	5.0	6.0	10.0
0.0	0.250 0	0.250 0	0.250 0	0.250 0	0.250 0	0.250 0	0.250 0	0.250 0	0.250 0	0.250 0	0.250 0
0.2	0.248 6	0.248 9	0.249 0	0.249 1	0.249 1	0.249 1	0.249 2	0.249 2	0.249 2	0.249 2	0.249 2
0.4	0.240 1	0.242 0	0.242 9	0.243 4	0.243 7	0.243 9	0.244 3	0.244 3	0.244 3	0.244 3	0.244 3
0.6	0.222 9	0.227 5	0.230 0	0.231 5	0.232 4	0.232 9	0.233 9	0.234 1	0.234 2	0.234 2	0.234 2
0.8	0.199 9	0.207 5	0.212 0	0.214 7	0.216 5	0.217 6	0.219 6	0.220 0	0.220 2	0.220 2	0.220 2
1.0	0.175 2	0.185 1	0.191 1	0.195 5	0.198 1	0.199 9	0.203 4	0.204 2	0.204 4	0.204 5	0.204 6
1.2	0.151 6	0.162 6	0.170 5	0.175 8	0.179 3	0.181 8	0.187 0	0.188 2	0.188 5	0.188 7	0.188 8
1.4	0.130 8	0.142 3	0.150 8	0.156 9	0.161 3	0.164 4	0.171 2	0.173 0	0.173 5	0.173 8	0.174 0
1.6	0.112 3	0.124 1	0.142 9	0.143 6	0.144 5	0.148 2	0.156 7	0.159 0	0.159 8	0.160 1	0.160 4
1.8	0.096 9	0.108 3	0.117 2	0.124 1	0.129 4	0.133 4	0.143 4	0.146 3	0.147 4	0.147 8	0.148 2
2.0	0.084 0	0.094 7	0.103 4	0.110 3	0.115 8	0.120 2	0.131 4	0.135 0	0.136 3	0.136 8	0.137 4
2.2	0.073 2	0.083 2	0.091 7	0.098 4	0.103 9	0.108 4	0.120 5	0.124 8	0.126 4	0.127 1	0.127 7
2.4	0.064 2	0.073 4	0.081 2	0.087 9	0.093 4	0.097 9	0.110 8	0.115 6	0.117 5	0.118 4	0.119 2
2.6	0.056 6	0.065 1	0.072 5	0.078 8	0.084 2	0.088 7	0.102 0	0.107 3	0.109 5	0.110 6	0.111 6
2.8	0.050 2	0.058 0	0.064 9	0.070 9	0.076 1	0.080 5	0.094 2	0.099 9	0.102 4	0.103 6	0.104 8
3.0	0.044 7	0.051 9	0.058 3	0.064 0	0.069 0	0.073 2	0.087 0	0.093 1	0.095 9	0.097 3	0.098 7
3.2	0.040 1	0.046 7	0.052 6	0.058 0	0.062 7	0.066 8	0.080 6	0.087 0	0.090 0	0.091 6	0.093 3
3.4	0.036 1	0.042 1	0.047 7	0.052 7	0.057 1	0.061 1	0.074 7	0.081 4	0.084 7	0.086 4	0.088 2
3.6	0.032 6	0.038 2	0.043 3	0.048 0	0.052 3	0.056 1	0.069 4	0.076 3	0.079 9	0.081 6	0.083 7
3.8	0.029 6	0.038 4	0.039 5	0.043 9	0.047 9	0.051 6	0.064 5	0.071 7	0.075 3	0.077 3	0.079 6
4.0	0.027 0	0.031 8	0.036 2	0.040 3	0.044 1	0.047 4	0.060 3	0.067 4	0.071 2	0.073 3	0.075 8
4.2	0.024 7	0.029 1	0.033 3	0.037 1	0.040 7	0.043 9	0.056 3	0.063 4	0.067 4	0.069 6	0.072 4
4.4	0.022 7	0.026 8	0.030 6	0.034 3	0.037 6	0.040 7	0.052 7	0.059 7	0.063 9	0.066 2	0.069 2
4.6	0.020 9	0.024 7	0.028 3	0.031 7	0.034 8	0.037 8	0.049 3	0.056 4	0.060 6	0.063 0	0.066 3
4.8	0.019 3	0.022 9	0.026 2	0.029 4	0.032 4	0.035 2	0.046 3	0.053 3	0.057 6	0.060 1	0.063 5
5.0	0.017 9	0.021 2	0.024 3	0.027 4	0.030 2	0.032 8	0.043 5	0.050 4	0.054 7	0.057 3	0.061 0
6.0	0.012 7	0.015 1	0.017 4	0.019 6	0.021 8	0.023 8	0.032 5	0.038 8	0.043 1	0.046 0	0.050 6
7.0	0.009 4	0.011 2	0.013 0	0.014 7	0.016 4	0.018 0	0.025 1	0.030 6	0.034 6	0.037 6	0.042 2
8.0	0.007 3	0.008 7	0.010 1	0.011 4	0.012 7	0.014 0	0.019 8	0.024 6	0.028 3	0.031 1	0.036 7
9.0	0.005 8	0.006 9	0.008 0	0.009 1	0.010 2	0.011 2	0.016 1	0.020 2	0.023 5	0.026 2	0.031 9
10.0	0.004 7	0.005 6	0.006 5	0.007 4	0.008 3	0.009 2	0.013 2	0.016 7	0.019 8	0.022 2	0.028 0

(1) M 点在荷载面边缘，如图 4.18(a)所示。

$$\sigma_z = \sigma_{z\mathrm{I}} + \sigma_{z\mathrm{II}}$$

(2) M 在荷载面内如图 4.18(b)所示。

$$\sigma_z = \sigma_{z\mathrm{I}} + \sigma_{z\mathrm{II}} + \sigma_{z\mathrm{III}} + \sigma_{z\mathrm{IV}}$$

(3) M 点在荷载边缘外侧如图 4.18(c)所示。

$$\sigma_z = \sigma_{z\mathrm{I}} - \sigma_{z\mathrm{II}} + \sigma_{z\mathrm{III}} - \sigma_{z\mathrm{IV}}$$

$$\mathrm{I}\ (ofbg)\ \mathrm{II}\ (ofah)\ \mathrm{III}\ (oecg)\ \mathrm{IV}\ (oedh)$$

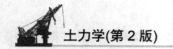

(4) M 点在荷载面角点外侧如图 4.18(d)所示。

$$\sigma_z = \sigma_{zI} - \sigma_{zII} - \sigma_{zIII} + \sigma_{zIV}$$
$$\mathrm{I}\,(ohce)\ \mathrm{II}\,(ohbf)\ \mathrm{III}\,(ogde)\ \mathrm{IV}\,(ogaf)$$

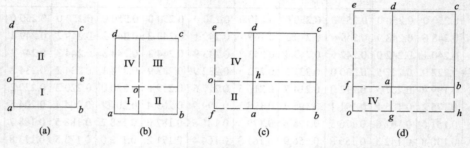

图 4.18　以角点计算均布矩形荷载下的地基附加应力

【**例 4.4**】　以角点法计算图 4.19 所示矩形基础甲的基底中心垂线下不同深度处的地基附加应力 σ_z 的分布，并考虑两相邻基础乙的影响(两相邻柱距为 6cm，荷载同基础甲)。

【**解**】

(1) 计算基础甲的基底平均附加压力如下。

基础及其上覆填土的总重　$G = \gamma_G A d = 20 \times 5 \times 4 \times 1.5 = 600\mathrm{kN}$

基底平均压力　$p = \dfrac{F + G}{A} = \dfrac{1940 + 600}{5 \times 4} = 127\mathrm{kPa}$

基底处的土中自重应力　$\sigma_c = \gamma_0 d = 18 \times 1.5 = 27\mathrm{kPa}$

基底平均附加压力　$p_0 = p - \sigma_c = 127 - 27 = 100\mathrm{kPa}$

(2) 计算基础甲中心点 o 以下由本基础荷载引起的 σ_z，基底中心点 o 可看成由四个相等小矩形荷载 $\mathrm{I}(oabc)$ 的公共角点，其长度比 $L/B = 2.5/2 = 1.25$，取深度 $z=0\mathrm{m}$，1m，2m，3m，4m，5m，6m，7m，8m，10m 各计算点，相应的 $z/B=0$，0.5，1，1.5，2，2.5，3，3.5，4，5，地基附加应力系数 K_s 见表 4-6，σ_z 的计算表见表 4-7，根据计算资料绘制出 σ_z 分布图，如图 4.19 所示。

(3) 计算基础甲中心点 o 下由两相邻基础乙的荷载引起的 σ_z，此时中心点 o 可看成是四个与 $\mathrm{I}(oafg)$ 相同的矩形和另四个与 $\mathrm{II}(oaed)$ 相同的矩形的公共角点，其长宽比 L/B 分别为 $8/2.5 = 3.2$ 和 $4/2.5 = 1.6$。同样利用表 4-6 可分别查得 K_{sI} 和 K_{sII}，σ_z 的计算结果和分布图见表 4-8 和图 4.19 所示。

表 4-7　σ_z 计算表

点	L/B	z/m	z/B	K_{sI}	$\sigma_z = 4K_{sI}p_0$
0	1.25	0	0	0.250	$4 \times 0.250 \times 100 = 100$
1	1.25	1	0.5	0.235	$4 \times 0.235 \times 100 = 94$
2	1.25	2	1	0.187	$4 \times 0.187 \times 100 = 75$
3	1.25	3	1.5	0.135	54
4	1.25	4	2	0.097	39
5	1.25	5	2.5	0.071	28
6	1.25	6	3	0.054	21
7	1.25	7	3.5	0.042	17

续表

点	L/B	z/m	z/B	K_{sI}	$\sigma_z = 4K_{sI}p_0$
8	1.25	8	4	0.032	13
9	1.25	10	5	0.022	9

表 4-8 σ_z 计算结果

点	L/B		z/m	z/B	K_s		$\sigma_z = (K_{sI} - K_{sII})p_0$
	I(oafg)	II(oaed)			K_{sI}	K_{sII}	
0			0	0	0.250	0.250	0.0
1			1	0.4	0.244	0.243	0.4
2			2	0.8	0.220	0.215	2.0
3			3	1.2	0.187	0.176	4.4
4	$\dfrac{8}{2.5}=3.2$	$\dfrac{4}{2.5}=1.6$	4	1.6	0.157	0.140	6.8
5			5	2.0	0.132	0.110	8.8
6			6	2.4	0.112	0.088	9.6
7			7	2.8	0.095	0.071	9.6
8			8	3.2	0.082	0.058	9.6
9			10	4.0	0.061	0.040	8.4

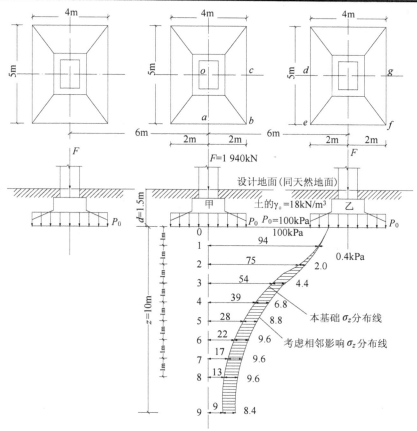

图 4.19   例 4.4 计算结果示意图

4.4.4 三角形分布的矩形荷载作用下的附加压力

在矩形面积上作用着三角形分布荷载，最大荷载强度为 p_0，如图 4.20 所示，取荷载零值边的角点 *1* 为坐标原点，则角点 *1* 下的竖向附加应力同样可以利用基本公式(4-16)沿着整个面积积分求得。如图 4.20 所示，微分面积 $dxdy$ 上的作用力 dP 等于 $\frac{x}{B}p_0 dxdy$ 可作为集中力看待。于是，角点 *1* 下任意深度 z 处，由于该集中力所引起的竖向附加应力为

$$d\sigma_z = \frac{3p_0}{2\pi B}\frac{1}{[1+(\frac{r}{z})^2]^{5/2}}\frac{xdxdy}{z^2} \tag{4-20}$$

将 r^2 等于 (x^2+y^2) 代入上式并沿着整个底面积积分，即可得到矩形基底受竖直三角形分布荷载作用时角点 *1* 下的附加应力为

$$\sigma_z = K_{T1}p_0 \tag{4-21}$$

式中，$K_{T1} = \frac{mn}{2\pi}\left[\frac{1}{\sqrt{m^2+n^2}} - \frac{n^2}{(1+n^2)\sqrt{1+m^2+n^2}}\right]$，为角点 *1* 下的附加应力系数，可由表 4-9 查得；$m = \frac{L}{B}$，$n = \frac{z}{B}$。

同理可得最大荷载边角点下的附加应力为

$$\sigma_z = K_{T2}p_0 \tag{4-22}$$

式中，K_{T2} 为角点 *2* 下的附加应力系数，也可由表 4-9 查得。

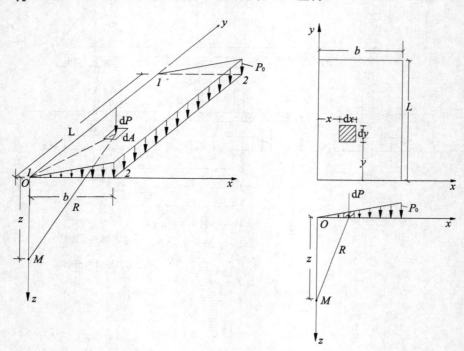

图 4.20 三角形分布矩形荷载角点下的附加应力

4.4.5　条形均布荷载作用下的附加应力

理论上，当基础的长度 L 与宽度 B 之比接近无穷大时，地基内部的应力状态才属于平面问题。但是在工程实际上并不存在着无限长的基础。根据研究，当 $\frac{L}{B} \geqslant 10$ 时，称为条形基础(砖混结构的墙基础、挡土墙基础等)，其结果与 $\frac{L}{B}$ 接近无穷大的情况相差不多，这种误差在工程上是允许的。即与长度方向相垂直的任一截面上的附加应力分布规律都是相同的(基础两端另处理)。

在介绍条形均布荷载作用下的附加应力计算方法之前，我们先介绍竖向线荷载作用下的附加应力计算。沿无限长直线上作用的竖直均布荷载称为竖直线荷载，如图 4.21 所示。当地面上作用竖向线荷载时，地基内部任一深度 z 处的附加应力可按符拉蒙(Flamant)解答计算，即

$$\left.\begin{array}{l} \sigma_z = \dfrac{2\overline{P}}{\pi R_1}\cos^3\theta_1 = \dfrac{2\overline{P}z^3}{\pi(x^2+z^2)^2} \\[3mm] \sigma_x = \dfrac{2\overline{P}x^2 z}{\pi(x^2+z^2)^2} \\[3mm] \tau_{xz} = \dfrac{2\overline{P}xz^2}{\pi(x^2+z^2)^2} \end{array}\right\} \tag{4-23}$$

式中，$\overline{P}$ 为单位长度上的线荷载，kN/m；x, z 为计算点的坐标。

如图 4.22 所示，当基底上作用着强度为 p_0 的竖向均布荷载时，地基内任意点 M 的附加应力 σ_z 可按式(4-23)进行积分的方法求得。首先利用式(4-23)求出微分宽度 $\mathrm{d}\varepsilon$ 上作用着的线荷载 $\mathrm{d}\overline{P} = p\mathrm{d}\varepsilon$ 在任意点 M 引起的竖向附加应力

$$\mathrm{d}\sigma_z = \frac{2p_0}{\pi}\frac{z^3\mathrm{d}\varepsilon}{\left[(x-\varepsilon)^2+z^2\right]^2} \tag{4-24}$$

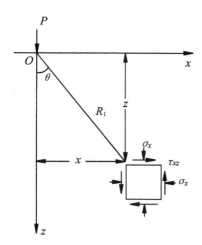

图 4.21　线荷载作用下的应力状态

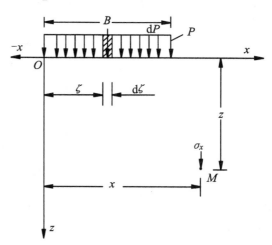

图 4.22　条形基底受竖直均布荷载作用的情况

再将上式沿宽度积分，即可得到条形基底受均布荷载作用时的竖向附加应力为

$$\sigma_z = \int_0^B \frac{2p_0}{\pi} \frac{z^3 \mathrm{d}\varepsilon}{\left[(x-\varepsilon)^2 + z^2\right]^2}$$

$$= \frac{p_0}{\pi}\left[\arctan\left(\frac{m}{n}\right) - \arctan\left(\frac{m-1}{n}\right) + \frac{mn}{n^2+m^2} - \frac{n(m-1)}{n^2+(m-1)^2}\right] = K_z^s p_0 \qquad (4\text{-}25)$$

式中，K_z^s 为条形基底受竖直均布荷载时的竖向附加应力分布系数，可由 $m = x/B$ ，$n = z/B$ 查表 4-10 得到。

表 4-9   条形基底受竖向均布荷载作用时的应力系数 K_z^s

m n	0.01	0.1	0.2	0.4	0.6	0.8	1.0	1.2	1.4	2.0	3.0
0	0.500	0.499	0.498	0.489	0.468	0.440	0.409	0.375	0.348	0.275	0.198
0.25	0.999	0.988	0.936	0.797	0.679	0.586	0.511	0.450	0.401	0.298	0.206
0.50	0.999	0.997	0.978	0.881	0.756	0.642	0.549	0.478	0.420	0.306	0.208
0.75	0.999	0.988	0.936	0.797	0.679	0.586	0.511	0.450	0.401	0.298	0.206
1.00	0.500	0.499	0.498	0.489	0.468	0.440	0.409	0.375	0.348	0.275	0.198
1.25	0.000	0.011	0.091	0.174	0.243	0.276	0.288	0.287	0.279	0.242	0.186
1.50	0.000	0.002	0.011	0.056	0.111	0.155	0.186	0.202	0.210	0.205	0.171
-0.25	0.000	0.011	0.091	0.174	0.243	0.276	0.288	0.287	0.279	0.242	0.186
-0.50	0.000	0.002	0.011	0.056	0.111	0.155	0.186	0.202	0.210	0.205	0.171

4.4.6   圆形均布荷载作用下的附加应力

设圆形荷载面积的半径为 r_0，作用于地基表面上的竖向荷载为 p_0，如以圆形截面的中心点为坐标原点 O，如图 4.23 所示，并在荷载面积上取微面积 $\mathrm{d}A = r\mathrm{d}\theta\mathrm{d}r$，以集中力 $p_0\mathrm{d}A$ 代替微面积上的分布荷载，则可运用式(4-16)以积分法求得均布圆形荷载中点下任意深度 z 处 M 点的 σ_z 如下。

$$\sigma_z = \iint_A \mathrm{d}\sigma_z = \frac{3p_0 z^3}{2\pi}\int_0^{2\pi}\int_0^{r_0}\frac{r\mathrm{d}\theta\mathrm{d}r}{(r^2+z^2)^{5/2}}$$

$$= p_0\left[1 - \frac{z^3}{(r_0^2+z^2)^{3/2}}\right] \qquad (4\text{-}26)$$

$$= p_0\left[1 - \frac{1}{(\frac{1}{z^2/r_0^2}+1)^{3/2}}\right] = K_r p_0$$

式中，K_r 为均布的圆形荷载中心点下的附加应力系数，它是 (z/r_0) 的函数，由表 4-10 查得。

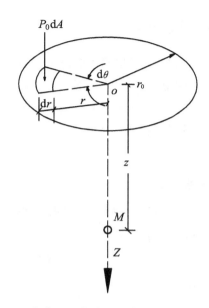

图 4.23　均布圆形荷载中心点下的附加应力系数

表 4-10　圆形均布荷载中心点下的附加应力系数 K_r

z/r_0	K_r	z/r_0	K_r	z/r_0	K_r	z/r_0	K_r	z/r_0	K_r	r/z	K_r
0.0	1.00	1.0	0.646	2.0	0.284	3.0	0.146	4.0	0.087	0.268	0.10
0.1	0.999	1.1	0.595	2.1	0.264	3.1	0.138	4.2	0.079	0.400	0.20
0.2	0.992	1.2	0.547	2.2	0.246	3.2	0.130	4.4	0.073	0.518	0.30
0.3	0.976	1.3	0.502	2.3	0.229	3.3	0.123	4.6	0.067	0.637	0.40
0.4	0.949	1.4	0.461	2.4	0.213	3.4	0.117	4.8	0.062	0.766	0.50
0.5	0.911	1.5	0.424	2.5	0.200	3.5	0.111	5.0	0.057	0.918	0.60
0.6	0.864	1.6	0.390	2.6	0.187	3.6	0.106	6.0	0.040	1.110	0.70
0.7	0.811	1.7	0.360	2.7	0.175	3.7	0.100	7.0	0.030	1.387	0.80
0.8	0.756	1.8	0.332	2.8	0.165	3.8	0.096	8.0	0.023	1.908	0.90
0.9	0.701	1.9	0.307	2.9	0.155	3.9	0.091	10.0	0.015	∞	1.00

4.4.7　非均质和各向异性地基中的附加应力

以上介绍的地基附加应力计算都是考虑柔性荷载和均质各项同性土体情况，而实际上往往并非如此，如地基中土的变形模量常随深度而增大，有的地基土具有较明显的薄交层构造，有的则是由不同压缩性土层组成的成层地基等。对于这样的一些问题的考虑是比较复杂的，目前也未得到完全的解答。但从一些简单情况的解答中可以知道：把非均质或各项异性地基与均质各项同性地基比较，可以看出，其对地基竖向应力 σ_z 的影响，不外乎两种情况：一种是发生应力集中现象，另一种则是发生应力扩散现象。

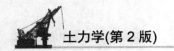

4.4.8 双层地基中应力的集中和扩散

天然土层的松密、软硬程度往往很不相同，变形特性可能差别较大。例如，在软土地区常遇到一层硬粘土或密实的砂覆盖在较软的土层上；又如在山区，常可见厚度不大的可压缩土层覆盖于绝对刚性的岩层上。这种情况下，地基中的应力分布显然与连续、均质土体不相同，对这类问题的解答比较复杂，目前弹性力学只对其中某些简单的情况有理论解，可以分为如下两类。

1. 可压缩土层覆盖于刚性岩层上

由弹性理论解得知，上层土中荷载中轴线附近的附加应力 σ_z 将比均质半无限体时增大；离开中轴线，应力逐渐减小，至某一距离后，应力小于半无限体时的应力，这种现象称为"应力集中"现象。应力集中的程度主要与荷载宽度 b 与压缩层厚度 h 之比有关，随着 h/b 增大，应力集中现象减弱。

2. 硬层土覆盖于软土层上

这种情况将出现硬土层下面、荷载中轴线附近附加应力减小的应力扩散现象。由于应力分布比较均匀，地基的沉降也相应比较均匀。

在坚硬的上层与软弱下层中引起的应力扩散随上层厚度的增大而更加显著，它还与双层地基的变形模量 E_0、泊松比 υ 有关，即随下列参数 f 的增加而显著。

$$f = \frac{E_{01}}{E_{02}} \frac{1-\upsilon_2^2}{1-\upsilon_1^2} \tag{4-27}$$

式中，E_{01}、υ_1——上层的变形模量和泊松比；

E_{02}、υ_2——软弱下卧层的变形模量和泊松比。

由于土的泊松比变化不大(一般 $\upsilon = 0.3 \sim 0.4$)，故参数 f 的值主要取决于变形模量的比值 E_{01}/E_{02}。

4.4.9 变形模量随深度增大的地基

地基土的另一种非均质性表现为变形模量 E_0 随深度逐渐增大，在砂土地基中尤其常见。这是一种非均质现象，是由土体在沉降过程中的受力条件所决定的。费洛列希(Frohlich)对于集中力作用下地基中附加应力 σ_z 的计算，提出半经验公式

$$\sigma_z = \frac{\nu P}{2\pi R^2} \cos^\nu \theta \tag{4-28}$$

ν 为大于 3 的应力集中系数，对于 E_0 为常数的均质弹性体，例如均匀的粘土，$\nu = 3$，其结果即为布辛奈斯克解；对于砂土，连续非均质现象最显著，取 $\nu = 6$，介于粘土与砂土之间的土，取 $\nu = 3 \sim 6$。

本 章 小 结

　　通过本章学习，我们对地基中应力的分布类型及各自的计算方法，有了一个较明确的认识，对今后的岩土工程工作有很大的帮助。

　　基底压力和附加压力的概念必须非常清楚，基底压力分布问题涉及上部结构、基础和地基土的共同作用问题，是一个十分复杂的课题。基底压力分布与基础的大小、刚度、形状、埋深、地基土的性质及作用在基础上荷载的大小和分布等许多因素有关。

　　基底附加压力是作用在基础底面的压力与基础底面处原来的土中自重应力之差。土中附加应力的计算方法一般有两种：一种是弹性理论方法；另一种是基础工程设计中软弱下卧层验算时用到的应力扩散角法。

　　从弹性理论方法可以看出，数学、力学知识对岩土工程的作用十分巨大。

习　　题

　　1. 某建筑场地的地质剖面如图 4.24 所示，试计算各土层界面及地下水位面的自重应力，并绘制自重应力曲线。

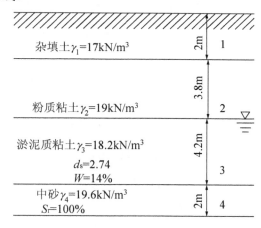

图 4.24　第 1 题图

　　2. 若图 4.24 中，中砂层以下为坚硬的整体岩石，试绘制其自重力曲线。

　　3. 某方形基础底面宽 $b = 2\text{m}$，埋深 $d = 1\text{m}$，深度范围内土的重度 $\gamma = 18.0\text{kN/m}^3$，作用在基础上的竖向荷载 $F = 600\text{kN}$，力矩 $M = 100\text{kN} \cdot \text{m}$，试计算基底最大压力边角下深度 $z = 2\text{m}$ 处的附加应力。

　　4. 某基础平面图形呈 T 形截面，如图 4.25 所示，作用在基底的附加压力 $P_0 = 150\text{kN/m}^2$。试求 A 点下 10 m 深处的附加应力。

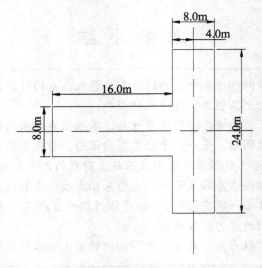

图 4.25　第 4 题图

5. 某场地土层的分布自上而下为：砂土，层厚 2 m，重度为 $\gamma = 17.5 kN/m^3$；粘土，层厚 3 m，饱和重度为 20.0kN/m³；砾石，层厚 3 m，饱和重度为 20.0kN/m³。地下水位在粘土层处。试绘出这三个土层中总应力 σ、孔隙水压力 u 和有效应力 σ' 沿深度的分布图形。

6. 一条形基础的尺寸及荷载情况如图 4.26 所示。求基础中线下 20m 深度内的竖向附加应力分布，并按一定比例绘制该应力的分布图。水平荷载可假定均匀分布在基础底面上。

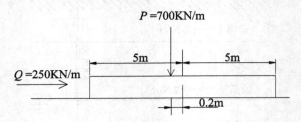

图 4.26　第 6 题图

7. 一土堤的截面如图 4.27 所示。堤身土料重度 $\gamma = 18.0 kN/m^3$，试计算土堤轴线上粘土层中 A、B、C 三点的竖向附加应力 σ_z。

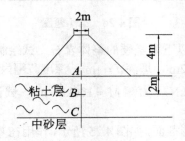

图 4.27　第 7 题图

第 5 章

地基的变形计算

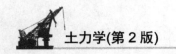 

基本概念

自重应力、基底附加压力、附加应力、固结变形

 引例

先进的结构理论，高效的计算技术，独特的试验设备，新型的施工技术以及高强、轻质的材料，为建筑物高度的突破创造有利的条件，而人们对建筑高度的激烈竞争欲望，更促使世界建筑高度榜首的加快更换。建筑高度的竞争既显示着各个国家的经济实力和科技水平，又显示着人类智慧的高度发挥。

建筑物的建造使地基中的应力状态发生变化，因此引起地基变形，出现基础沉降；由于建筑物荷载的不均匀沉降和地基的压缩性不同，会引起基础的不均匀沉降。严重时建筑物也会开裂、扭曲、倾斜，甚至倒塌破坏。因此地基的变形计算是非常重要的。

5.1 概 述

建筑物通过基础将荷载传给地基，地基土体在外荷载的作用下，内部将会产生应力和变形，从而引起建筑物的基础的下沉。正常情况下，随着时间的推移沉降会趋于稳定，如果工程完工后经过相当长的时间仍未稳定，则会影响建筑物的正常使用，特别是有较大的不均匀沉降时，将会对建筑物的构件产生附加应力，影响其安全使用，严重时建筑物也会开裂、扭曲、倾斜，甚至倒塌破坏。

因此在设计时有必要预先计算其可能发生的沉降量，特别是在软土地基等特殊条件下或建造某些只允许很小沉降的建筑物时，更应如此。

本章主要介绍地基沉降计算方法及地基沉降与时间的关系。

5.2 地基沉降的弹性力学公式

地基沉降量可以用弹性力学的方法进行计算，下面分别介绍柔性荷载及刚性荷载下的沉降计算。

1. 柔性荷载下地基的沉降

布辛奈斯克(Boussinesq)给出了在弹性半空间表面作用一个竖向集中力时，半空间内任意点处引起的应力和位移的弹性力学解答，地基内任意一点的竖向位移为

$$\omega = \frac{(1+\upsilon)}{2\pi E}\left[\frac{z^2}{R^3} + 2(1-\upsilon)\frac{1}{R}\right] \tag{5-1}$$

对式(5-1)取 $z=0$ ，即可得到地表距集中荷载 P 作用点 r 的任一点的沉降

$$s = \omega(x,y,0) = \frac{P(1-\upsilon^2)}{\pi E_0 r} \tag{5-2}$$

式中，　E_0——土的变形模量，kPa；

　　　　υ——土的泊松比。

对于局部荷载作用下地基表面的沉降，可利用上式根据叠加原理积分求得。如图 5.1 所示，设荷载面 A 内 $N(\xi,\eta)$ 点处微面积 $\mathrm{d}\xi\mathrm{d}\eta$ 上的分布荷载为 $p_0(\xi,\eta)$ ，则该微面积上的分布荷载可由集中力 $P = p_0(\xi,\eta)\mathrm{d}\xi\mathrm{d}\eta$ 代替。这样地基表面上与 N 点距离为 $r = \sqrt{(x-\xi)^2 + (y-\eta)^2}$ 的 $M(x,y)$ 点的沉降 $s(x,y,0)$ 可由式(5-2)积分求得

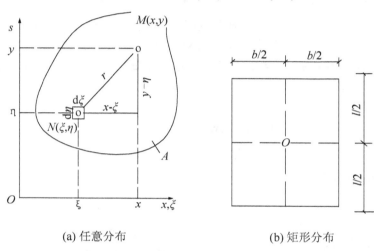

(a) 任意分布　　　　　　　　　　(b) 矩形分布

图 5.1　分布荷载作用下地基沉降计算

$$s(x,y,0) = \frac{1-\upsilon^2}{\pi E_0} \iint_A \frac{p_0(\xi,\eta)\mathrm{d}\xi\mathrm{d}\eta}{\sqrt{(x-\xi)^2 + (y-\eta)^2}} \tag{5-3}$$

对于均布矩形荷载，分布荷载强度为一常数 p_0 ，其角点下的沉降根据上式积分得到

$$s = \frac{1-\upsilon^2}{\pi E_0}\left[\ln\frac{b+\sqrt{l^2+b^2}}{l} + b\ln\frac{1+\sqrt{l^2+b^2}}{b}\right]p_0 \tag{5-4}$$

令 $\delta_\mathrm{c} = \frac{1-\upsilon^2}{\pi E_0}\left[\ln\frac{b+\sqrt{l^2+b^2}}{l} + b\ln\frac{1+\sqrt{l^2+b^2}}{b}\right]$ ，则

$$s = \delta_\mathrm{c}p_0 \tag{5-5}$$

以 $m = l/b$ 代入上式，则有

$$s = \frac{b(1-\upsilon^2)}{\pi E_0}\left[m\ln\frac{1+\sqrt{1+m^2}}{m} + \ln(m+\sqrt{1+m^2})\right]p_0 \tag{5-6}$$

令 $\omega_\mathrm{c} = \frac{1}{\pi}\left[m\ln\frac{1+\sqrt{1+m^2}}{m} + \ln(m+\sqrt{1+m^2})\right]$ ， ω_c 称为角点沉降影响系数。

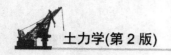

上式可改写为

$$s = \frac{1-\upsilon^2}{E_0} \omega_c b p_0 \qquad (5-7)$$

由上式，类似求附加应力时的角点法，可以求得矩形荷载作用下地面任意点的沉降。对矩形荷载中心点处的地面的沉降，由角点法可得

$$s = \frac{1-\upsilon^2}{E_0} \omega_0 b p_0 \qquad (5-8)$$

式中，ω_0 为中心沉降影响系数，$\omega_0 = 2\omega_c$。

2. 刚性基础下的沉降计算

以上计算的是柔性分布荷载下地基的沉降，柔性分布荷载作用下地面沉降呈一碟形，如图 5.2 所示。实际上，基础是有一定抗弯刚度的，基础下地基沉降要受到基础抗弯刚度的约束，当荷载偏心不致使基底拉应力区而与地基脱离时，基底沉降与基础底面形状(基础受弯变形后)相同，如图 5.3 所示，在中心荷载作用下，基础沉降可近似为柔性荷载下基底范围内沉降平均值：

$$s = \frac{\iint_A s(x,y)\mathrm{d}x\mathrm{d}y}{A} \qquad (5-9)$$

式中，A 为基础底面积，m^2。

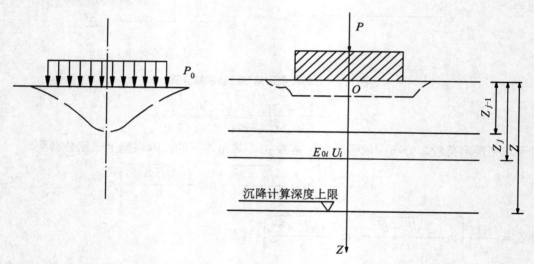

图 5.2 柔性荷载作用下地表碟形沉降　　图 5.3 刚性基础下地基沉降

对均布矩形荷载，上式为

$$s = \frac{1-\upsilon^2}{E_0} \omega_m b p_0 \qquad (5-10)$$

式中，ω_m ——平均沉降影响系数；

b ——矩形基础宽度，m。

可将式(5-7)、式(5-8)及式(5-10)写成统一的形式

$$s = \frac{1-\upsilon^2}{E_0} \omega b p_0 \tag{5-11}$$

式中，b——矩形荷载(基础)的宽度或圆形荷载(基础)的直径；

ω——沉降影响系数，按基础刚度、底面形状及计算点位置而定，由表 5-1 查得。

表 5-1 沉降系数 ω 值

计算点位置	荷载形状	圆形	方形	矩 形										
				1.5	2.0	3.0	4.0	5.0	6.0	7.0	8.0	9.0	10.0	100.0
柔性基础	ω_c	0.64	0.56	0.68	0.77	0.89	0.98	1.05	1.11	1.16	1.20	1.24	1.27	2.00
	ω_0	1.12	1.12	1.36	1.53	1.78	1.96	2.10	2.22	2.32	2.40	2.48	2.54	4.01
	ω_m	0.85	0.95	1.15	1.30	1.52	1.70	1.83	1.96	2.04	2.12	2.19	2.25	3.70
刚性基础	ω_r	0.79	0.88	1.08	1.22	1.44	1.61	1.72	1.84	1.95	2.02	2.10	2.12	3.40

5.3 地基最终沉降量的简化计算方法

地基最终沉降量是指地基在建筑物附加荷载作用下变形稳定后的沉降量。最终沉降量对土木工程的设计、施工具有重要意义。计算地基最终沉降量的方法有很多，本节主要介绍两种常用的方法：分层总和法和地基规范法。

5.3.1 分层总和法

分层总和法是在地基沉降计算范围内将地基划分为若干分层，分别计算出各层的沉降量进而求其总和的方法。

1. 基本假定

分层总和法计算地基沉降量有下列假定。

(1) 荷载作用下，地基土只发生竖向压缩变形，不发生侧向膨胀变形。这样在沉降计算时就可以采用完全侧限条件下的压缩性指标计算地基的沉降量。

(2) 由于第一条假定使计算出的沉降量偏小，为弥补这一缺陷，采用基底中心点下的附加应力计算地基变形量。

2. 沉降量的计算

将基础下的土层按以下原则分为若干分层。

① 天然土层的分界面及地下水面为分层面。

② 因附加应力 σ_z 沿深度是非线性变化的，为避免产生较大的误差，同一类土层中分层厚度应小于基础宽度的 0.4 倍或取 1m～2m。

分层总和法的计算是建立在侧限压缩试验所得的压缩曲线基础上的。计算时，假定土

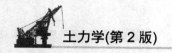

体在自重应力作用下已完成固结，压缩变形由附加应力引起。

对于如图 5.4 所示的地基及应力分布，分别计算基础中心点下地基各个土层的变形量 Δs_i，基础的最终沉降量 s 等于各 Δs_i 的总和，为

$$s = \sum_{i=1}^{n} \Delta s_i = \sum_{i=1}^{n} \varepsilon_i h_i \tag{5-12}$$

式中，s——地基的最终沉降量；

Δs_i——第 i 分层土的压缩量；

ε_i——第 i 分层土的压缩应变；

h_i——第 i 分层土的厚度，mm；

n——土层的分层数目。

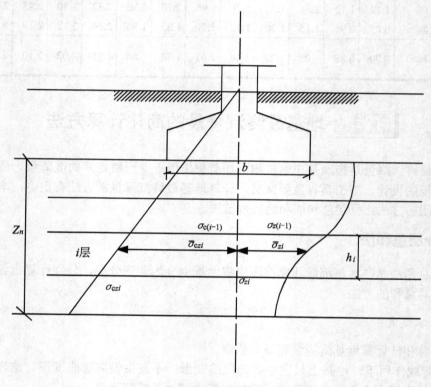

图 5.4　分层总法计算地基沉降

由于

$$\varepsilon_i = \frac{e_{1i} - e_{2i}}{1 + e_{1i}} = \frac{\alpha_i (p_{2i} - p_{1i})}{1 + e_{1i}} \tag{5-13}$$

所以

$$s = \sum_{i=1}^{n} \frac{e_{1i} - e_{2i}}{1 + e_{1i}} h_i = \sum_{i=1}^{n} \frac{\alpha_i (P_{2i} - P_{1i})}{1 + e_{1i}} h_i \tag{5-14}$$

式中，e_{1i}——第 i 分层土在平均自重应力 $p_{1i} = \dfrac{\sigma_{c(i-1)} + \sigma_{ci}}{2}$ 作用下，压缩稳定时的孔隙比；

e_{2i}——第 i 分层土在平均自重应力 p_{1i} 与平均附加应力 $\Delta p_i = \dfrac{\sigma_{z(i-1)} + \sigma_{zi}}{2}$ 之和 p_{2i} 作用下，压缩稳定时的孔隙比。

当采用压缩模量 E_{si} 时，最终沉降量为

$$s = \sum_{i=1}^{n} \frac{p_{2i} - p_{1i}}{E_{si}} h_i = \sum_{i=1}^{n} \frac{\Delta p_i}{E_{si}} h_i \tag{5-15}$$

利用分层总和法计算地基最终沉降量，必须确定地基沉降计算深度并在沉降计算深度内进行分层。由于荷载作用下的附加应力逐渐减小，在一定深度处，附加应力已经很小，它所产生的压缩变形可以忽略不计。因此在工程上取基底下满足下列条件的深度作为沉降计算深度

$$\sigma_z = 0.2\sigma_c \tag{5-16}$$

式中，σ_z——计算深度处的附加应力；

σ_c——计算深度处的自重应力。

如在该深度下存在较软的高压缩层时，计算深度还应增大，直至满足 $\sigma_z = 0.1\sigma_c$。

【例 5.1】　某矩形基础底面尺寸 4m×4m，自重应力和附加应力分布图如图 5.5 所示，第 1 层、第 2 层土的天然孔隙比为 0.97，压缩系数为 0.3。第 3 层、第 4 层土的天然孔隙比为 0.90，压缩系数为 0.2，计算基础中点的沉降量。

【解】　(1) 确定沉降深度 z。

取 $z = 6.4\text{m}$，得 $\sigma_c = 85\text{kPa}$，$\sigma_z = 16\text{kPa}$，$\sigma_z < 0.2\sigma_c$，满足要求。

(2) 地基沉降计算，见表 5-2。

表 5-2　地基沉降计算

土层编号	土层厚度 /m	土的压缩系数 /MPa^{-1}	孔隙比	压缩模量 /MPa	平均附加应力 /kPa	沉降量 Δs_i /mm
1	1.60	0.3	0.97	6.57	$\dfrac{94 + 84}{2} = 89.0$	21.67
2	1.60	0.3	0.97	6.57	$\dfrac{84 + 57}{2} = 70.5$	17.17
3	1.60	0.2	0.90	9.50	$\dfrac{57 + 32}{2} = 44.5$	7.49
4	1.60	0.2	0.90	9.50	$\dfrac{32 + 16}{2} = 24.0$	4.04

(3) 基础中点最终沉降量。

$$s = \sum_{i=1}^{4} \Delta s_i = 21.67 + 17.17 + 7.49 + 4.04 = 50.37\,\text{mm}$$

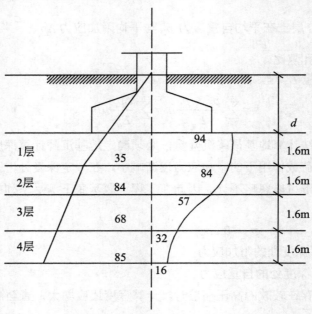

图 5.5　例 5.1 计算图

5.3.2　按规范方法计算

《建筑地基基础设计规范》(GB 50007—2011)推荐的地基最终沉降量计算方法是在分层总和法的基础上，总结了我国建筑工程中大量沉降观测资料，引入了沉降计算经验系数对计算结果进行修正，使计算结果与基础实际沉降更趋于一致；同时由于采用了"应力面积"的概念，一般可以按地基土的天然层面分层，使计算工作得以简化。

如图 5.6 所示，式(5-15)中的 $\Delta p_i h_i$ 表示第 i 层的附加应力面积，实际上是图形 $cdef$ 的面积 A_{cdef}，而

$$A_{cedf} = A_{abef} - A_{abcd} \tag{5-17}$$

为便于计算，令

$$A_{abef} = \overline{\alpha}_i z_i p_0 \tag{5-18}$$

$$A_{abcd} = \overline{\alpha}_{i-1} z_{i-1} p_0 \tag{5-19}$$

上述式中 $\overline{\alpha}_i$，$\overline{\alpha}_{i-1}$ 为竖向平均附加应力系数。

由式(5-15)以及上述两式得

$$s' = \sum_{i=1}^{n} \Delta s_i' = \sum_{i=1}^{n} \frac{p_0}{E_{si}} (z_i \overline{\alpha}_i - z_{i-1} \overline{\alpha}_{i-1}) \tag{5-20}$$

式中，s' 为按分层总和法计算出的地基最终沉降量。

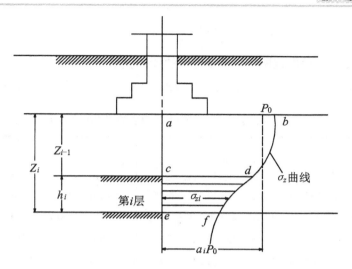

图 5.6　规范计算地基沉降量

引入沉降计算经验系数 ψ_s 得

$$s = \psi_s s' = \psi_s \sum_{i=1}^{n} \frac{p_0}{E_{si}}(z_i \overline{\alpha}_i - z_{i-1} \overline{\alpha}_{i-1}) \tag{5-21}$$

式中，s——地基最终沉降量，mm；

ψ_s——沉降计算经验系数，根据地区沉降观测资料及经验确定，无地区经验时可采用表 5-3 的数值；

n——地基变形计算深度范围内所划分的土层数；

p_0——对于荷载效应准永久组合时的基础底面处的附加应力；

E_{si}——基础底面第 i 层土的压缩模量，MPa，应取土的自重应力至土的自重应力与附加应力之和的压力段计算；

z_i, z_{i-1}——基础底面至第 i 层土、第 $i-1$ 层土底面的距离；

$\overline{\alpha}_i, \overline{\alpha}_{i-1}$——基础底面至第 i 层土、第 $i-1$ 层土底面范围内平均附加应力系数，对于均布矩形基础按角点法查表 5-4 可得。

表 5-3　沉降计算经验系数 ψ_s

基底附加压力 \ $\overline{E}_s/M$	2.5	4.0	7.0	15.0	20.0
$p_0 \geq f_{ak}$	1.4	1.3	1.0	0.4	0.2
$p_0 \leq 0.75 f_{ak}$	1.1	1.0	0.7	0.4	0.2

注：$\overline{E}_s$ 为变形计算深度范围内压缩模量的当量值，应按下式计算。

$$\overline{E}_s = \frac{\sum A_i}{\sum \dfrac{A_i}{E_{si}}}$$

式中，A_i 为第 i 层附加应力系数沿土层厚度的积分值。

地基变形计算深度 z 应满足下式要求

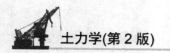

$$\Delta s'_n \leqslant 0.025 \sum_{i=1}^{n} \Delta s'_i \qquad (5\text{-}22)$$

式中，$\Delta s'_i$——在计算深度范围内，第 i 层土的计算变形值；

$\Delta s'_n$——在计算深度 z 处向上取厚度为 Δz 的土层计算变形值，Δz 按表 5-5 确定。

表 5-4　矩形面积上均布荷载作用下角点的平均附加应力系数 $\bar{\alpha}$

z/b \ l/b	1.0	1.2	1.4	1.6	1.8	2.0	2.4	2.8	3.2	3.6	4.0	5.0	10.0
0.0	0.2500	0.2500	0.2500	0.2500	0.2500	0.2500	0.2500	0.2500	0.2500	0.2500	0.2500	0.2500	0.2500
0.2	0.2496	0.2497	0.2497	0.2498	0.2498	0.2498	0.2498	0.2498	0.2498	0.2498	0.2498	0.2498	0.2498
0.4	0.2474	0.2479	0.2481	0.2483	0.2483	0.2484	0.2485	0.2485	0.2485	0.2485	0.2485	0.2485	0.2485
0.6	0.2423	0.2437	0.2444	0.2448	0.2451	0.2452	0.2454	0.2455	0.2455	0.2455	0.2455	0.2455	0.2466
0.8	0.2346	0.2372	0.2387	0.2395	0.2400	0.2403	0.2407	0.2408	0.2409	0.2409	0.2410	0.2410	0.2410
1.0	0.2252	0.2291	0.2313	0.2326	0.2335	0.2340	0.2346	0.2349	0.2351	0.2352	0.2352	0.2353	0.2353
1.2	0.2149	0.2199	0.2229	0.2248	0.2260	0.2268	0.2278	0.2282	0.2285	0.2286	0.2287	0.2288	0.2289
1.4	0.2043	0.2102	0.2140	0.2164	0.2180	0.2191	0.2204	0.2211	0.2215	0.2217	0.2218	0.2220	0.2221
1.6	0.1939	0.2006	0.2049	0.2079	0.2099	0.2113	0.2130	0.2138	0.2143	0.2146	0.2148	0.2150	0.2152
1.8	0.1840	0.1912	0.1960	0.1994	0.2018	0.2034	0.2055	0.2066	0.2073	0.2077	0.2079	0.2082	0.2084
2.0	0.1746	0.1822	0.1875	0.1912	0.1938	0.1958	0.1982	0.1996	0.2004	0.2009	0.2012	0.2015	0.2018
2.2	0.1659	0.1737	0.1793	0.1833	0.1862	0.1883	0.1911	0.1927	0.1937	0.1943	0.1947	0.1952	0.1955
2.4	0.1578	0.1657	0.1715	0.1757	0.1789	0.1812	0.1843	0.1862	0.1873	0.1880	0.1885	0.1890	0.1895
2.6	0.1503	0.1583	0.1642	0.1686	0.1719	0.1745	0.1779	0.1799	0.1812	0.1820	0.1825	0.1832	0.1838
2.8	0.1433	0.1514	0.1574	0.1619	0.1654	0.1680	0.1717	0.1739	0.1753	0.1763	0.1769	0.1777	0.1784
3.0	0.1369	0.1449	0.1510	0.1556	0.1592	0.1619	0.1658	0.1682	0.1698	0.1708	0.1715	0.1725	0.1733
3.2	0.1310	0.1390	0.1450	0.1497	0.1533	0.1562	0.1602	0.1628	0.1645	0.1657	0.1664	0.1675	0.1685
3.4	0.1256	0.1334	0.1394	0.1441	0.1478	0.1508	0.1550	0.1577	0.1595	0.1607	0.1616	0.1628	0.1639
3.6	0.1205	0.1282	0.1342	0.1389	0.1427	0.1456	0.1500	0.1528	0.1548	0.1561	0.1570	0.1583	0.1595
3.8	0.1158	0.1234	0.1293	0.1340	0.1378	0.1408	0.1452	0.1482	0.1502	0.1516	0.1526	0.1541	0.1554
4.0	0.1114	0.1189	0.1248	0.1294	0.1332	0.1362	0.1408	0.1438	0.1459	0.1474	0.1485	0.1500	0.1516
4.2	0.1073	0.1147	0.1205	0.1251	0.1289	0.1319	0.1365	0.1396	0.1418	0.1434	0.1445	0.1462	0.1479
4.4	0.1035	0.1107	0.1164	0.1210	0.1248	0.1279	0.1325	0.1357	0.1379	0.1396	0.1407	0.1425	0.1444
4.6	0.1000	0.1070	0.1127	0.1172	0.1209	0.1240	0.1287	0.1319	0.1342	0.1359	0.1371	0.1390	0.1410
4.8	0.0967	0.1036	0.1091	0.1136	0.1173	0.1204	0.1250	0.1283	0.1307	0.1324	0.1337	0.1357	0.1379
5.0	0.0935	0.1003	0.1057	0.1102	0.1139	0.1169	0.1216	0.1249	0.1273	0.1291	0.1304	0.1325	0.1348
5.2	0.0906	0.0972	0.1026	0.1070	0.1106	0.1136	0.1183	0.1217	0.1241	0.1259	0.1273	0.1295	0.1320

续表

l/b z/b	1.0	1.2	1.4	1.6	1.8	2.0	2.4	2.8	3.2	3.6	4.0	5.0	10.0
5.4	0.087 8	0.094 3	0.099 6	0.103 9	0.107 5	0.110 5	0.115 2	0.118 6	0.121 1	0.122 9	0.124 3	0.126 5	0.129 2
5.6	0.085 2	0.091 6	0.096 8	0.101 0	0.104 6	0.107 6	0.112 2	0.115 6	0.118 1	0.120 0	0.121 5	0.123 8	0.126 6
5.8	0.082 8	0.089 0	0.094 1	0.098 3	0.101 8	0.104 7	0.109 4	0.112 8	0.115 3	0.117 2	0.118 7	0.121 1	0.124 0
6.0	0.080 5	0.086 6	0.091 6	0.095 7	0.099 1	0.102 1	0.106 7	0.110 1	0.112 6	0.114 6	0.116 1	0.118 5	0.121 6
6.2	0.078 3	0.084 2	0.089 1	0.093 2	0.096 6	0.099 5	0.104 1	0.107 5	0.110 1	0.112 0	0.113 6	0.116 1	0.119 3
6.4	0.076 2	0.082 0	0.086 9	0.090 9	0.094 2	0.097 1	0.101 6	0.105 0	0.107 6	0.109 6	0.111 1	0.113 7	0.117 1
6.6	0.074 2	0.079 9	0.084 7	0.088 6	0.091 9	0.094 8	0.099 3	0.102 7	0.105 3	0.107 3	0.108 8	0.111 4	0.114 9
6.8	0.072 3	0.077 9	0.082 6	0.086 5	0.089 8	0.092 6	0.097 0	0.100 4	0.103 0	0.105 0	0.106 6	0.109 2	0.112 9
7.0	0.070 5	0.076 1	0.080 6	0.084 4	0.087 7	0.090 4	0.094 9	0.098 2	0.100 8	0.102 8	0.104 4	0.107 1	0.110 9
7.2	0.068 8	0.074 2	0.078 7	0.082 5	0.085 7	0.088 4	0.092 8	0.096 2	0.098 7	0.100 8	0.102 3	0.105 1	0.109 0
7.4	0.067 2	0.072 5	0.076 9	0.080 6	0.083 8	0.086 5	0.090 8	0.094 2	0.096 7	0.098 8	0.100 4	0.103 1	0.107 1
7.6	0.065 6	0.070 9	0.075 2	0.078 9	0.082 0	0.084 6	0.088 9	0.092 2	0.094 8	0.096 8	0.098 4	0.101 2	0.105 4
7.8	0.064 2	0.069 3	0.073 6	0.077 1	0.080 2	0.082 8	0.087 1	0.090 4	0.092 9	0.095 0	0.096 6	0.098 4	0.103 6
8.0	0.062 7	0.067 8	0.072 0	0.075 5	0.078 5	0.081 1	0.085 3	0.088 6	0.091 2	0.093 2	0.094 8	0.097 6	0.102 0
8.2	0.061 4	0.066 3	0.070 5	0.073 9	0.076 9	0.079 5	0.083 7	0.086 9	0.089 4	0.091 4	0.093 1	0.095 9	0.100 4
8.4	0.060 1	0.064 9	0.069 0	0.072 4	0.075 4	0.077 9	0.082 0	0.085 2	0.087 8	0.089 3	0.091 4	0.094 3	0.093 8
8.6	0.058 8	0.063 6	0.067 6	0.071 0	0.073 9	0.076 4	0.080 5	0.083 6	0.086 2	0.088 2	0.089 8	0.092 7	0.097 3
8.8	0.057 6	0.062 3	0.066 3	0.069 6	0.072 4	0.074 9	0.079 0	0.082 1	0.084 6	0.086 6	0.088 2	0.091 2	0.095 9
9.2	0.055 4	0.059 9	0.063 7	0.067 0	0.069 7	0.072 1	0.076 1	0.079 2	0.081 7	0.083 7	0.085 3	0.088 2	0.093 1
9.6	0.053 3	0.057 7	0.061 4	0.064 5	0.067 2	0.069 6	0.073 4	0.076 5	0.078 9	0.080 9	0.082 5	0.085 5	0.090 5
10.0	0.051 4	0.055 6	0.059 2	0.022 0	0.064 9	0.067 2	0.071 0	0.073 9	0.076 3	0.078 3	0.079 9	0.083 9	0.088 0
10.4	0.049 6	0.053 7	0.057 2	0.060 1	0.062 7	0.064 9	0.068 6	0.071 6	0.073 9	0.075 9	0.075 5	0.080 4	0.085 7
10.8	0.047 9	0.051 9	0.055 3	0.058 1	0.060 6	0.062 8	0.066 4	0.069 3	0.071 7	0.073 6	0.075 1	0.078 1	0.083 4
11.2	0.046 3	0.050 2	0.053 5	0.056 3	0.058 7	0.060 9	0.064 4	0.067 2	0.069 5	0.071 4	0.073 0	0.075 9	0.081 3
11.6	0.044 8	0.048 6	0.051 8	0.054 5	0.056 9	0.059 0	0.062 5	0.065 2	0.067 5	0.069 4	0.070 9	0.073 8	0.079 3
12.0	0.043 5	0.047 1	0.050 2	0.052 9	0.055 2	0.057 3	0.060 6	0.063 4	0.065 6	0.067 4	0.069 0	0.071 9	0.077 4
12.8	0.040 9	0.044 4	0.047 4	0.049 9	0.052 1	0.054 1	0.057 3	0.059 9	0.062 1	0.063 9	0.065 4	0.068 2	0.073 9
13.6	0.068 7	0.042 0	0.044 8	0.047 2	0.049 3	0.051 2	0.054 3	0.056 8	0.058 9	0.060 7	0.062 1	0.064 9	0.070 7
14.4	0.036 7	0.039 8	0.042 5	0.044 8	0.046 8	0.048 6	0.051 6	0.054 0	0.056 1	0.057 7	0.059 2	0.061 9	0.067 7
15.2	0.034 9	0.037 9	0.040 4	0.042 6	0.044 5	0.046 3	0.049 2	0.051 5	0.053 2	0.055 1	0.056 5	0.059 2	0.065 0
16.0	0.033 2	0.036 1	0.038 5	0.040 7	0.042 5	0.044 2	0.046 9	0.049 2	0.051 1	0.052 7	0.054 0	0.056 7	0.062 5
18.0	0.029 7	0.032 3	0.034 5	0.036 4	0.038 1	0.039 6	0.042 2	0.044 2	0.046 0	0.047 5	0.048 7	0.051 2	0.057 0
20.0	0.026 9	0.029 2	0.031 2	0.033 0	0.034 5	0.035 9	0.038 2	0.040 2	0.041 8	0.043 2	0.044 4	0.046 8	0.052 4

表 5-5　Δz 值

b/m	b≤2	2<b≤4	4<b≤8	8<b
Δz/m	0.3	0.6	0.8	1.0

如确定的计算深度下部仍有较软土层时，应继续计算。

当无相邻荷载影响、基础宽度在 1m～30m 范围内时，基础中点的地基变形计算深度也可按下列简化公式计算

$$z = b(2.5 - 0.4\ln b)\qquad\qquad(5\text{-}23)$$

式中，b 为基础宽度，m。

在计算范围内存在基岩时，z 可取至基岩表面，当存在较厚的坚硬粘性土层，其孔隙比小于 0.5、压缩模量大于 50MPa，或存在较厚的密实砂卵石层，其压缩模量大于 80MPa，z 可取至该层土表面。

规范法计算地基最终沉降量按下列步骤进行。

(1) 确定分层厚度。

(2) 确定地基变形计算深度。

(3) 确定各层土的压缩模量。

(4) 计算各层土的压缩变形量。

(5) 确定沉降计算经验系数。

(6) 计算地基的最终沉降量。

【例 5.2】 某独立柱基底面尺寸为 2.5m×2.5m，柱轴向力设计值 $F = 1562.5\,\text{kN}$(算至 ±0.000 处)，基础自重和覆土标准值 $G = 250\text{kN}$。基础埋深 $d = 2\text{m}$，其余数据如图 5.7 所示，试计算地基最终沉降量。

【解】

(1) 求基础底面附加压力。

计算地基的变形时取荷载效应的准永久组合，为使计算简单并偏于安全，基底附加压力采用对应荷载标准值的数值。

$$F_k = \frac{F}{1.25} = \frac{1562.5}{1.25} = 1\,250\,\text{kN}$$

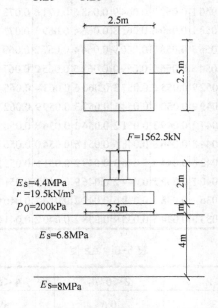

图 5.7 例 5.2 图

1.25 为假定恒载与活载的比值 $\rho = 3$ 时荷载设计值与标准值之比。

基础底面压力

$$p = \frac{F_k + G_k}{A} = \frac{1250 + 250}{2.5 \times 2.5} = 240 \text{ kPa}$$

基底附加压力

$$p_0 = p - \gamma d = 240 - 19.5 \times 2 = 201 \text{ kPa}$$

(2) 确定沉降计算深度。

$$z = b(2.5 - 0.4 \times \ln b) = 2.5 \times (2.5 - 0.4 \times \ln 2.5) = 5.33 \text{ m}$$

取 $z = 5.4$ m。

(3) 计算地基沉降计算深度范围内土层压缩量，见表 5-6。

表 5-6　地基沉降计算深度范围内上层压缩量

z/m	l/b	z/b	$\bar{\alpha}_i$	$z_i \bar{\alpha}_i$	$z_i \bar{\alpha}_i - z_{i-1} \bar{\alpha}_{i-1}$	E_{si}	$\Delta s'$	$s' = \sum \Delta s'_i$
0	1.0	0						
1.0	1.0	0.8	0.9384	0.9384	0.9384	4.4	42.87	42.87
5.0	1.0	4.0	0.4456	2.2280	1.2896	6.8	38.12	80.99
5.4	1.0	4.32	0.4201	2.2685	0.0405	8.0	1.02	82.01

(4) 确定基础最终沉降量。

确定沉降计算深度范围内压缩模量

$$\bar{E}_s = \frac{\sum A_i}{\sum \dfrac{A_i}{E_{si}}} = \frac{0.9384 + 1.2896 + 0.0405}{\dfrac{0.9384}{4.4} + \dfrac{1.2896}{6.8} + \dfrac{0.0405}{8}} = 5.56 \text{ MPa}$$

查表 5-3 得

$$\psi_s = 1 + \frac{7 - 5.56}{7 - 4} \times (1.3 - 1) = 1.14$$

则最终沉降量为

$$s = \psi_s s' = 1.14 \times 82.01 = 93.49 \text{ mm}$$

5.4　土的应力历史对地基沉降的影响

应力历史是指土在形成的地质年代中经受应力变化的情况。粘性土在形成及存在过程中所经受的地质作用和应力变化不同，压缩过程及固结状态也不同，而土体的加荷与卸荷，对粘性土压缩性的影响十分显著。天然土层在历史上所承受过的最大固结压力称为土的先（前）期固结压力 p_c，定义超固结比 OCR $= p_c / p_1$（$p_1 = \gamma z$ 即自重压力）。根据 OCR 可将天然土层划分为三种固结状态。

(1) 超固结状态(OCR > 1)，如图 5.8(a)所示：这一状态是指天然土层在地质历史上受到过的固结压力 p_c 大于目前的上覆压力 p_1。上覆压力由 p_c 减小至 p_1，可能是由于地面上升或水流冲刷将其上部的一部分土体剥蚀掉，或古冰川下的土层曾经受过冰荷载(荷载强度为 p_c)的压缩，后遇气候转暖，冰川融化以致上覆压力减小等。

(2) 正常固结状态(OCR=1)，如图 5.8(b)所示：这一状态是指土层在历史上最大固结压力 p_c 作用下压缩稳定，沉积后土层厚度无大变化，也没有受到其他荷载的继续作用，即 $p_c = p_1 = \gamma z$。大多数建筑物场地土层均属于这类正常固结状态的土。

(3) 欠固结土(OCR<1)，如图 5.8(c)所示：这一状态是指土层历史上曾在 p_{ci} 作用下压缩稳定，固结完成。以后由于某种原因使土层继续沉积或加载，形成目前大于 p_c 的自重压力 γz，但因时间不长，γz 作用下的压缩固结还没完成，还在继续压缩中。因此这种固结状态的土层 $p_c < p_1 = \gamma z$，称为欠固结土。通常新沉积的粘性土或人工填土属于欠固结土。图 5.8(c)中虚线表示将来固结后的地表，低于目前的地面。

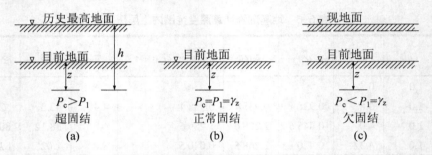

图 5.8 天然土层的三种固结状态

若上述三个状态的土层为同一种土，在目前地面下深度 z 处，土的自重应力都等于 $p_1 = \gamma z$，但是三者在压缩曲线上却不是同一个点，如图 5.9 所示。超固结土层相当于回弹曲线上的 a 点，正常固结土相当于现场原始压缩曲线上的 b 点，欠固结土层则相当于原始压缩曲线上的 c 点。三种状态下土的压缩性大不相同。

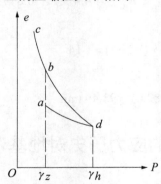

图 5.9 压轴曲线与回弹曲线

5.4.1 前期固结压力的确定

确定前期固结压力 p_c 的方法很多，应用最广的方法是美国学者卡萨格兰德(A.Casagrande，1936)建议的经验作图法，如图 5.10 所示，具体步骤如下。

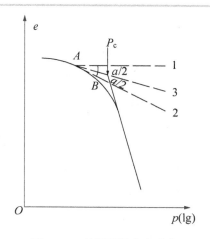

图 5.10　前期固结应力确定

(1) 从 e-$\lg p$ 曲线上找出曲率半径最小的一点 A，过 A 作平行线 $A1$ 和切线 $A2$。

(2) 作 $\angle 1A2$ 的平分线 $A3$，与 e-$\lg p$ 曲线中的直线段的延长线交于 B 点。

(3) B 点所对应的有效应力就是前期固结压力 p_c。

显见，该法适用于 e-$\lg p$ 曲线曲率变化明显的土层，否则 A 点难以确定。此外，e-$\lg p$ 曲线的曲率随 e 轴坐标的比例的变化而改变，目前尚无统一的坐标比例，且人为因素影响很大，所得 p_c 值不一定准确。因此，确定 p_c 时，一般还应结合场地的地形、地貌等形成历史的调查资料加以综合判断。关于这方面的问题还有待进一步研究。

5.4.2　现场原始压缩曲线

土木工程中，在进行建筑物、构筑物等工程设计时，是根据室内压缩试验结果的 e-p 压缩曲线进行地基沉降计算的。由于取原状土和制备试样过程中，不可避免地会对土样产生一定的扰动，致使室内试验的压缩曲线与现场土的压缩特性之间发生差别，因此必须加以修正，使地基沉降计算更为合理。

1. 正常固结土现场原始压缩曲线

试样的前期固结应力 p_c 一旦确定，就可以通过 p_c 与试样现有固结应力 p_0 的比较，来判定试样是正常固结的，超固结的，还是欠固结的。然后再依据室内压缩曲线的特征，来推求现场压缩曲线。

若 p_c 等于 p_0，则试样是正常固结的，它的现场压缩曲线可推求如下。

一般可假定取样过程中试样不发生体积变化，即试样的初始孔隙比 e_0 就是它的原位孔隙比，于是可根据前面章节介绍的方法求出 e_0，再由 e_0 和 p_c 值，在 e-$\lg p$ 坐标上定出 B 点，此即试样在现场压缩的起点，然后从纵坐标 $0.42e_0$ 处作一水平线交室内压缩曲线与 C 点，作 B 点和 C 点之间的连线即为所求的现场压缩曲线，如图 5.11 所示。

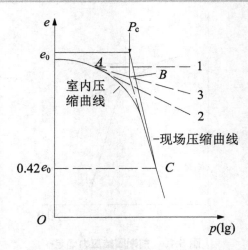

图5.11　正常固结土现场压缩曲线的推求

2. 超固结土现场原始压缩曲线

若 p_c 大于 p_0，则试样是超常固结的。由于超固结土由前期固结应力 p_c 减至现有有效应力 p_0' 期间曾在原位经历了回弹，因此，当超固结土后来受到外荷引起的附加应力 Δp 时，它将开始沿着现场再压缩曲线压缩。如果 Δp 较大，超过($p_c - p_0$)，它才会沿现场压缩曲线压缩。为了推求这条现场压缩曲线，应改变压缩试验的程序，并在试验过程中随时绘制 $e\text{-}\lg p$ 曲线，待压缩出现急剧转折之后，立即逐级卸荷至 p_0，让回弹稳定，再分级加荷。于是可求得如图 5.12 所示的曲线 $AdfC$，以备推求超固结土的现场压缩曲线之用，步骤如下。

(1) 按上述方法确定前期固结应力 p_c 的位置线和 C 点的位置。

(2) 按试样在原位的现有有效应力 p_0' 和孔隙比 e_0 定出 b' 点，此即试样在原位压缩的起点。

(3) 假定现场再压缩曲线与室内回弹-再压缩曲线构成的回滞环的割线 df 相平行，过 b' 点作 df 线的平行线交 p_c 的位置线于 b 点，$b'b$ 线即为现场压缩曲线。

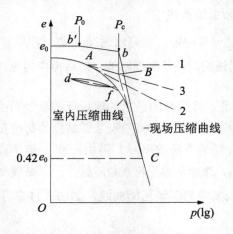

图5.12　超固结土现声压缩曲线的推求

3. 欠固结土现场原始压缩曲线

因欠固结土在土的自重作用下，压缩尚未稳定，只能近似地按正常固结土的方法，求现场原始压缩曲线。

5.4.3　考虑应力历史影响的地基最终沉降量计算

考虑应力历史影响的地基最终沉降量的计算方法仍为分层总和法，只是将土的压缩性指标改为从原始压缩曲线 e-$\lg p$ 确定即可。下面将分别介绍正常固结土、超固结土和欠固结土的沉降计算方法。

1. 正常固结土($p_c = p_0$)的沉降计算

计算正常固结土的沉降时，由原始压缩曲线确定压缩指数 C_c 后，按下列公式计算最终沉降量

$$s = \sum_{i=1}^{n} \frac{\Delta e_i}{1 + e_{0i}} h_i = \sum_{i=1}^{n} \frac{h_i}{1 + e_{0i}} \left(C_{ci} \lg \frac{p_{1i} + \Delta p_i}{p_{1i}} \right) \tag{5-24}$$

式中，Δe_i——由原始压缩曲线确定的第 i 层土的孔隙比的变化；

Δp_i——第 i 层土附加应力的平均值(有效应力增量)；

p_{1i}——第 i 层土自重应力的平均值；

e_{0i}——第 i 层土的初始孔隙比；

C_{ci}——从原始压缩曲线确定的第 i 层土的压缩指数。

2. 超固结土($P_c > P_0$)的沉降计算

计算超固结土的沉降时，由原始压缩曲线和原始再压缩曲线分别确定土的压缩指数 C_c 和回弹指数 C_e。

对于超固结土的沉降计算，应该区分两种情况。

第一种情况：当 $\Delta p > (p_c - p_0)$ 时，各分层的总固结沉降量

$$s_n = \sum_{i=1}^{n} \frac{h_i}{1 + e_{0i}} \left(C_{ei} \lg \frac{p_{ci}}{p_{1i}} + C_{ci} \lg \frac{p_{1i} + \Delta p_i}{p_{ci}} \right) \tag{5-25}$$

式中，n——分层计算沉降时，压缩土层中有效应力增量 $\Delta p > (p_c - p_0)$ 的分层数；

p_{ci}——第 i 层土的先期固结压力。

第二种情况：当 $\Delta p \leqslant (p_c - p_0)$ 时，则分层土的孔隙比 Δe 只沿着再压缩曲线发生，相应的各分层的总固结沉降量

$$s_m = \sum_{i=1}^{m} \frac{h_i}{1 + e_{0i}} C_{ei} \lg \frac{p_{1i} + \Delta p_i}{p_{1i}} \tag{5-26}$$

式中，m 为分层计算沉降时，压缩土层中有效应力增量 $\Delta p \leqslant (p_c - p_0)$ 的分层数。

总沉降为以上两部分之和，即

$$s = s_n + s_m \tag{5-27}$$

3. 欠固结土($P_c < P_0$)的沉降计算

欠固结土的沉降量包括两部分：由土的自重应力作用继续固结引起的沉降；由附加应

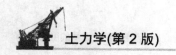

力产生的沉降。

$$s = \sum_{i=1}^{n} \frac{h_i}{1+e_{0i}} C_{ei} \lg \frac{p_{1i} + \Delta p_i}{p_{ci}}$$ (5-28)

式中，p_{ci} 为第 i 层土的实际有效应力，小于土的自重应力 p_{1i}。

5.5　饱和土的单向固结理论

单向固结是指土中的孔隙水只沿竖向方向渗流，同时土的固体颗粒也只沿一个方向位移，而在土的水平方向无渗流、无位移。此种条件相当于荷载分布面很广阔，且靠近地表的薄层粘性土的渗流固结情况。在天然土层中，常遇到厚度不大的饱和软粘土层，当受到较大的均布荷载作用时，只要底面或顶面有透水矿层，则孔隙水主要沿竖向发生，可认为是单向固结情况。

1. 单向固结理论的基本假定

为了分析固结过程，作如下假定。
(1) 土是均质、各向同性和完全饱和的。
(2) 土粒和孔隙水是不可压缩的。
(3) 水的渗出和土的压缩只沿竖向发生，水平方向不排水，不发生压缩。
(4) 水的渗流服从达西定律，且渗透系数 k 保持不变
(5) 在固结过程中，压缩系数保持不变。
(6) 外荷载一次骤然施加。

2. 单向固结微分方程的建立

设厚度为 H 的饱和粘土层，顶面是透水层，底面是不透水和不可压缩层。假设该饱和土层在自重应力作用下的固结已经完成，现在顶面受到一次骤然施加的无限均布荷载 p_0 作用。由于土层深度远小于荷载面积，故土中附加应力图形可近似地看作矩形分布，即附加应力不随深度变化，而孔隙水压力 u 和有效应力 σ' 均为深度 z 和时间 t 的函数。

现从饱和土层顶面下深度为 z 处取一微单元体进行分析。

设微元体断面为 $\mathrm{d}x\mathrm{d}y$，厚度为 $\mathrm{d}z$，令 $V_s = 1$。

由于渗流自下而上进行，设在外荷施加后某时刻 t 流入单元体的水量为 $Q + \frac{\partial Q}{\partial z}\mathrm{d}z$，流出单元体的水量为 Q，所以在 $\mathrm{d}t$ 时间内流经该单元体的水量变化为

$$(Q + \frac{\partial Q}{\partial z}\mathrm{d}z)\mathrm{d}t - Q\mathrm{d}t = \frac{\partial Q}{\partial z}\mathrm{d}z\mathrm{d}t$$ (5-29a)

而由 $Q = vA = v\mathrm{d}x\mathrm{d}y$，得

$$\frac{\partial Q}{\partial z} = \frac{\partial v}{\partial z}\mathrm{d}x\mathrm{d}y$$

式中，v 为单元体底面的流速，$v + \frac{\partial v}{\partial z}\mathrm{d}z$ 为单元体顶面的流速。

根据达西定律 $v=ki$，则有

$$v=k\frac{\partial h}{\partial z}$$

式中，h 为孔隙水压力的水头，　$u=\gamma_w h$，即 $h=\dfrac{u}{\gamma_w}$，因此

$$v=k\frac{\partial h}{\partial z}=\frac{k}{\gamma_w}\frac{\partial u}{\partial z}$$

求偏导

$$\frac{\partial v}{\partial z}=\frac{k}{\gamma_w}\frac{\partial^2 u}{\partial z^2}$$

代入式(5-29a)得

$$\Delta Q=\frac{k}{\gamma_w}\frac{\partial^2 u}{\partial z^2}\mathrm{d}x\mathrm{d}y\mathrm{d}z\mathrm{d}t \tag{5-29b}$$

而孔隙体积的压缩量

$$\Delta V=\mathrm{d}V_v=\mathrm{d}(nV)=\mathrm{d}(\frac{e}{1+e}\mathrm{d}x\mathrm{d}y\mathrm{d}z)$$

运用土颗粒体积不可压缩的假定条件，即 $\dfrac{1}{1+e}$ 为常量，则

$$\Delta V=\frac{\mathrm{d}e}{1+e}\mathrm{d}x\mathrm{d}y\mathrm{d}z \tag{5-29c}$$

因 $\dfrac{\mathrm{d}e}{\mathrm{d}\sigma'}=-a$，$\mathrm{d}e=-a\mathrm{d}\sigma_z'=-a\mathrm{d}(\sigma_z-u)=a\mathrm{d}u=a\dfrac{\partial u}{\partial t}\mathrm{d}t$

代入 5-29(c)式得

$$\Delta V=\frac{a}{1+e}\frac{\partial u}{\partial t}\mathrm{d}x\mathrm{d}y\mathrm{d}z\mathrm{d}t \tag{5-29d}$$

对饱和土体，$\mathrm{d}t$ 时间内，$\Delta Q=\Delta V$，故由式(5-29b)和式(5-29d)可得到

$$\frac{k}{\gamma_w}\frac{\partial^2 u}{\partial z^2}\mathrm{d}x\mathrm{d}y\mathrm{d}z\mathrm{d}t=\frac{a}{1+e}\frac{\partial u}{\partial t}\mathrm{d}x\mathrm{d}y\mathrm{d}z\mathrm{d}t$$

化简后得

$$\frac{\partial u}{\partial t}=\frac{k}{\gamma_w}\frac{1+e}{a}\frac{\partial^2 u}{\partial z^2}=C_v\frac{\partial^2 u}{\partial z^2} \tag{5-30}$$

式(5-30)是一个抛物型方程，用它可求解热传导问题和渗流问题。

式中，$C_v=\dfrac{k(1+e_m)}{\gamma_w a}$ 为土的竖向固结系数，$\mathrm{cm}^2/$年，其中 e_m 为土层固结过程中的平均孔隙比。

3. 单向固结微分方程解答

根据图 5.13 所示的初始条件和边界条件
当 $t=0$ 且 $0\leqslant z\leqslant H$ 时，$u=\sigma_z$。
当 $0<\mathrm{t}<\infty$ 且 $z=H$ 时，$\dfrac{\partial u}{\partial z}=0$。

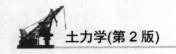

当 $t = \infty$ 且 $0 \leqslant z \leqslant H$ 时，$u = 0$。

应用傅里叶级数，可求得公式(5-30)的解为

$$u = \frac{4\sigma_z}{\pi} \sum_{m=1}^{\infty} \frac{1}{m} \sin \frac{m\pi z}{2H} e^{-m^2 \frac{\pi^2}{4} T_v} \tag{5-31}$$

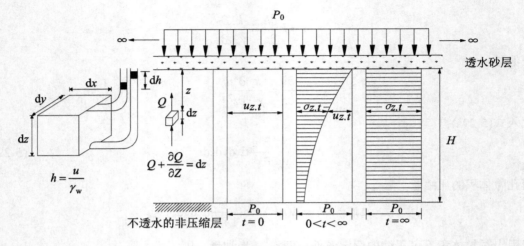

图 5.13　饱和土层的固结过程

式(5-31)中，m——奇数正整数，即 1，3，5，$\cdots$，m；

　　　　　　H——土层最大排水距离，如为双面排水，H 取排水距离厚度的一半，若为单面排水，H 取土层的总厚度；

　　　　　　T_v——时间因子，$T_v = \dfrac{C_v}{H^2} t = \dfrac{k(1+e)t}{a\gamma_w H^2}$。

5.6　地基沉降与时间的关系

在实际工程中，有时不仅需要知道地基的最终沉降量，同时需要预计建筑物在施工期间和使用期间的地基沉降量、地基沉降过程，即沉降与时间的关系，以便控制施工速度或考虑保证建筑物正常使用的安全措施，如考虑预留建筑物有关部分之间的净空问题、连接方法及施工顺序等。对发生裂缝、倾斜等事故的建筑物，更需要了解地基当时的沉降与今后沉降的发展，即沉降与时间的关系，作为事故处理方案的重要依据，有时地基加固处理方案如堆载预压等，也需要考虑地基变形与时间的关系。

如前所述，饱和土的沉降过程主要是土中孔隙水的挤出过程，即饱和土的压缩变形是在外荷载作用下使得充满于孔隙中的水逐渐被挤出，固体颗粒压密的过程。因此，土颗粒很细，孔隙也很细，使孔隙中的水通过弯弯曲曲的细小孔隙中排出，必然要经历相当长的时间 t。时间的长短取决于土层排水的距离、土粒粒径与孔隙的大小，土层的渗透系数、荷载大小和压缩系数的高低等因素。

不同土质的地基，在施工期间完成的沉降量不同，碎石土和砂土压缩性小，渗透性大，

变形经历的时间很短，因此施工结束时，地基沉降已全部或基本完成；粘性土完成固结所需要的时间比较长。在厚层的饱和软粘土中，固结变形需要经过几年甚至几十年时间才能完成，下面将讨论饱和土的变形与时间的关系。

5.6.1　地基沉降与时间关系的理论计算法

1. 求某特定时刻的变形

已知地基的最终变形，求某特定时刻的变形。

固结度的概念：当土层为均质时，地基在固结过程中任一时间的沉降量 s_t 与地基的最终固结沉降 s 之比称为地基在 t 时刻的固结度，用 U_t 表示。

$$U_t = \frac{s_t}{s} \tag{5-32}$$

当土层的渗透系数 k，压缩系数 a 或压缩指数 C_c，孔隙比 e 和压缩层的厚度 H，以及给定的时间 t 已知时，可根据已知值分别算出土层的固结系数 C_v 和时间系数 T_v，然后在 U_t-T_v 曲线上，如图 5.14 所示查出相应的固结度 U_t，按下式计算某一时刻的变形量。

$$s_t = U_t s \tag{5-33}$$

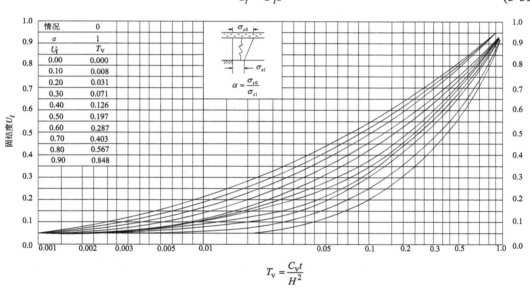

$$T_v = \frac{C_v t}{H^2}$$

图 5.14　固结度与时间因子的关系图

2. 当土层达到一定变形时所需时间

已知地基的最终变形，求土层达到一定变形时所需时间。

先求出土层的固结度 $U_t = \dfrac{s_t}{s}$，再从 U_t-T_v 曲线上查出相应的时间系数 T_v，即可按下式求出相应的时间。

$$t = \frac{H^2 T_v}{C_v} \tag{5-34}$$

【例 5.3】 如图 5.15 所示，在一不透水的非压缩岩层上，覆盖一厚 10m 的饱和粘土层，其上面作用有条形均布荷载，在土层中引起的附加应力呈梯形分布，$\sigma_{z0}=240\text{kPa}$，$\sigma_{z1}=160\text{kPa}$，已知该土层的平均孔隙比 $e_1=0.8$，压缩系数 $a=0.000\,25\,\text{kPa}^{-1}$，渗透系数 $k=6.4\times10^{-8}\,\text{cm/s}$。试计算：加荷一年后地基的沉降；加荷多长时间，地基的固结度 $U_t=75\%$。

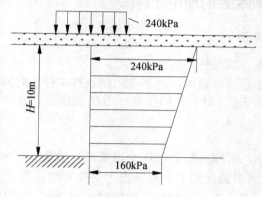

图 5.15　例 5.3 图

【解】(1) 求一年后地基的沉降。

土层中的平均附加应力为

$$\sigma=\frac{\sigma_{z0}+\sigma_{z1}}{2}=\frac{240+160}{2}=200\text{kPa}$$

土层的最终沉降量

$$S=\frac{a}{1+e_1}\sigma_z H=\frac{0.0025}{1+0.8}\times200\times1\,000=27.8\text{cm}$$

土层的固结系数

$$C_v=\frac{k(1+e_1)}{\gamma_w a}=\frac{6.4\times10^{-8}}{10\times0.000\,25\times0.01}=4.61\times10^{-3}\,\text{cm}^2/\text{s}$$

经一年时间的时间因数

$$T_v=\frac{C_v t}{H^2}=\frac{4.61\times10^{-3}\times86\,400\times365}{1\,000^2}=0.145$$

又 $a=\dfrac{\sigma_{z0}}{\sigma_{z1}}=\dfrac{240}{160}=1.5$，由图 5.14 查得 $U_t=0.45$，按 $s_t=U_t s$ 计算加荷一年后的地基沉降量

$$s_t=U_t s=0.45\times27.8=12.5\text{cm}$$

(2) 求 $U_t=0.75$ 时所需要的时间。

由 $a=\dfrac{\sigma_{z0}}{\sigma_{z1}}=\dfrac{240}{160}=1.5$，$U_t=0.75$，查图 5.14 得 $T_v=0.47$。

按公式 $t=\dfrac{H^2 T_v}{C_v}$ 计算所需时间

$$t=\frac{H^2 T_v}{C_v}=\frac{1\,000^2\times0.47}{0.61\times10^{-3}}\times\frac{1}{86\,400\times365}=3.23\text{ 年}$$

5.6.2　地基沉降与时间关系的经验估算法

上述固结理论，由于作了各种简化假设，很多情况计算与实际有出入。为此国内外曾建议用经验公式来估算地基沉降与时间的关系。根据建筑物的沉降观测资料，多数情况下可用双曲线式或对数曲线式表示地基沉降与时间的关系。

1. 双曲线式

$$s_t = \frac{t}{a+t}s \qquad (5\text{-}35)$$

式中，a 为经验参数，待定。

为确定公式中的 a 和 s，根据实测沉降观测的 $s\text{-}t$，任取两组已知数据 s_{t_1}, t_1 和 s_{t_2}, t_2 值，代入上式得

$$\left.\begin{array}{l} s_{t_1} = \dfrac{t_1}{a+t_1}s \\[2mm] s_{t_2} = \dfrac{t_2}{a+t_2}s \end{array}\right\} \qquad (5\text{-}36)$$

解此联立方程组，可得

$$s = \frac{t_2 - t_1}{\dfrac{t_2}{s_{t_2}} - \dfrac{t_1}{s_{t_1}}} \qquad (5\text{-}37)$$

$$a = \frac{t_1}{s_{t_1}}s - t_1 = \frac{t_2}{s_{t_2}}s - t_2 \qquad (5\text{-}38)$$

将 s 与 a 代入式(5-35)，即可推算任意 t 时的沉降量 s_t。

为消除沉降观测资料可能产生的偶然误差，通常将 $s\text{-}t$ 曲线的后段全部观测值 s_t 和 t 都加以利用，分别计算出 t/s_t 值，绘制 t/s_t 与 t 的关系曲线。此曲线的后段往往近似为直线，则此直线的斜率即为 s，如图 5.16 所示。

2. 对数曲线式

$$s_t = (1 - e^{-at})s$$

同双曲线法，利用实测的 $s\text{-}t$ 曲线的后段，可求得地基的最终沉降量 s，并可推算任意 t 时的沉降量 s_t。

式(5-39)可以改写为

$$s_t = \left[1 - \left(\frac{1}{e^t}\right)^a\right]s$$

以 s_t 为纵坐标，$\dfrac{1}{e^t}$ 为横坐标，根据实测绘制 $s_t - \dfrac{1}{e^t}$ 关系曲线，则曲线的延长线与纵坐标 s_t 相交点即为所求的 s 值，如图 5.17 所示。

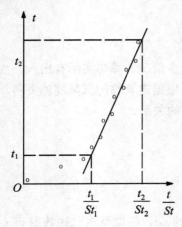

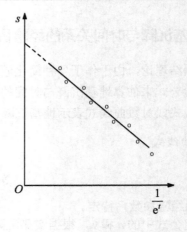

图 5.16 $\dfrac{t}{S_t} - t$ 关系曲线   图 5.17 $S_t - \dfrac{1}{e^t}$ 关系曲线

本 章 小 结

　　本章重点了解土的压缩性、地基沉降的弹性力学公式、如何用分层总和法及规范方法计算地基最终沉降量、土的应力历史对地基沉降的影响及地基沉降与时间的关系。

习　　题

　　1. 某方形基础,边长为 4.0m,基础埋深 2.0m,地面以上荷载 $P = 4\,720$kN (准永久组合)。地表面为细砂,$\gamma_1 = 17.5$kN/m^3,$E_{s1} = 8.0$MPa,厚度 $h_1 = 6.00$m;第二层为粉质粘土,$E_{s2} = 3.33$MPa,厚度 $h_2 = 3.0$m;第三层为碎石,厚度 $h_3 = 4.50$m,$E_{s3} = 22$MPa。用分层总和法计算粉质粘土层的沉降量。

　　2. 某柱下独立基础,基础底面尺寸为 4.8m×3.0m,埋深为 1.5m,传至地面的中心荷载 $P = 1800$kN (准永久组合),地表面为粘土,$\gamma_1 = 18$kN/m^3,$E_{s1} = 3.66$MPa,厚度 $h_1 = 3.9$m;第二层为粉质粘土,$E_{s2} = 2.60$MPa,厚度 $h_2 = 3.0$m;第三层为碎石,厚度 $h_3 = 2.40$m,$E_{s3} = 6.2$MPa,以下为岩石。用规范法计算粉质粘土层的沉降量。

　　3. 某地基压缩层为 10m 厚的饱和粘土层,下为不透水的非压缩层,上部作用有局部荷载,已知该层中应力分布如图 5.18 所示,土层初始孔隙比 $e_0 = 0.8$,渗透系数 $k = 0.02$m/年,压缩系数 $a = 0.25$MPa^{-1}。

　　求:(1) 一年后地基沉降量为多少?

　　(2) 加荷多长时间,地基固结度可达 75%?

　　(3) 若改为双面透水,一年后地基沉降量为多少?

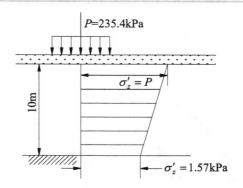

图 5.18 第 3 题附图

第 **6** 章

地基承载力理论

教学要点

知识要点	掌握程度	相关知识
土的抗剪强度	(1) 掌握条形荷载作用下地基中应力状态 (2) 掌握极限平衡方程在本章中的应用	抗剪强度理论
地基破坏模式	(1) 了解临塑荷载和塑性荷载的概念 (2) 掌握普朗德尔极限承载力理论 (3) 掌握太沙基极限承载力理论及应用	(1) 极限平衡方程 (2) 塑性力学的相关概念 (3) 地基承载力特征值与荷载板实验
地基承载力特征值	(1) 临塑荷载及塑性区最大深度的推导及计算 (2) 按《地基基础设计规范》计算地基承载力特征值	(1) 条形荷载、方形荷载和大面积荷载的概念 (2) 抗剪强度指标与地基承载力的关系 (3) 浅基础承载力与深基础承载力概念

技能要点

技能要点	掌握程度	应用方向
地基承载力	熟练掌握地基承载力特征值的概念	地基基础设计与施工、地基处理

基本概念

地基破坏模式、临塑荷载、极限承载力、地基承载力特征值

引例

土的强度理论是研究地基承载力、边坡稳定及土压力计算的
基础。土的抗剪强度是指土抵抗剪切变形与破坏的极限能力。土
的破坏大多数是剪切破坏。

在试验的基础上，库仑提出了土的抗剪强度公式。粘聚力、
内摩擦角称为抗剪强度指标，它们反映土的抗剪强度变化的规
律。土的抗剪强度与土受力后的排水固结状况有关。

测定土的抗剪强度指标的试验称为剪切试验。土的剪切试验
既可在试验室进行，也可在现场进行原位测试。我们在进行岩土
工程设计与施工时，必须对这些问题十分清楚，才能对地基承载
力问题有较好的理解。

同时，我们要知道土在动荷载作用下的变形与强度特性不同于
静载情况。饱和状态砂土或粉土在一定强度的动荷载作用下表现出类似液体的性状，完全失去
强度和刚度形成砂土液化。它对工程危害严重，应对场地液化危险性进行评价并采取防治措施。

6.1 概　述

地基基础设计时，必需满足上部结构荷载通过基础传到地基土的压力不得大于地基承
载力的要求，以确保地基土不丧失稳定性。因此，地基承载力就是指地基土单位面积上承
受荷载的能力。

地基承载力是地基基础设计中的关键性数据，而且非常复杂，不仅要考虑地基土本身
的特征，还要考虑基础的埋置情况、形状及尺寸，而且涉及上部结构容许变形值的大小，
后者与上部结构的结构构造情况和使用要求等一系列因素有关。当前已有的解决途径有如
下方法。

(1) 理论公式：根据土体强度理论，计算出能够保证地基强度安全的地基承载力。这
里必须指出以下 3 项。

① 按土的强度理论(第 3 章)，首先要选定土体的抗剪强度指标 C，ϕ，由于要求考虑
土的应力历史、排水、固结等条件，因此，指标的准确选择本身并不容易；而在地基承载
力确定时，还必须考虑上部结构、基础、地基、荷载性质等的综合影响，理论分析的复杂
性是显而易见；再加上有些公式在推导中应用了弹性理论假定，因此，理论公式结果的准
确性受到了质疑，在使用上也受到了一定的限制。

② 地基承载力理论公式的选择区间较大，可以在临塑荷载与极限荷载及其介于两者之
间的塑性荷载选用，这样一来，无疑使得安全度的控制方面存在问题。

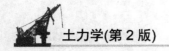

③ 还要进行地基变形验算，要求计算的地基变形值不超过容许变形值。

(2) 原位试验：通过现场载荷试验等原位试验方法，确定测试地点的地基承载力。

(3) 经验方法：收集已有的测试数据，通过统计分析，总结出各种类型的土在某种状态下的承载力数值。我国一些行业和地方地基基础设计规范中提供的承载力表，基本属于这一类。另外，也有借鉴条件相近的已有建(构)筑物的成功经验来确定。

本章主要从地基承载力理论着手讨论，最后介绍浅基础地基承载力设计值的确定方法。

6.2 地基破坏模式

不同土层在荷载作用下，其破坏模式是不同的，因此确定其地基承载力的方法也应该有所不同。

6.2.1 地基剪切破坏的三个模式

为了了解地基土在受荷以后剪切破坏的过程以及承载力的性状，有人通过现场载荷试验对地基土的破坏模式进行了研究。载荷试验实际上是一种基础的原位模拟试验，模拟基础作用于地基的是一块刚性的载荷板，载荷板的尺寸一般为 $0.25\sim1.0m^2$，在载荷板上逐级施加荷载，同时测定在各级荷载作用下载荷板的沉降量及周围土体的位移情况，加荷直至地基土破坏失稳为止。

由试验得到压力 p 与所对应的稳定沉降量 s 的关系曲线如图 6.1 所示。从曲线 p-s 的特征可以了解不同性质土体在荷载作用下的地基破坏机理，曲线 a 在开始阶段呈直线关系，但当荷载增大到某个极限值以后沉降急剧增大，呈现脆性破坏的特征；曲线 b 在开始阶段也呈直线关系，在到达某个极限以后虽然随着荷载增大，沉降增大较快，但不出现急剧增大的特征；曲线 C 在整个沉降发展的过程中不出现明显的拐弯点，沉降对压力的变化率也没有明显的变化。这三种曲线代表了三种不同的地基破坏特征，太沙基(K.Terzaghi)等对此作了分析，阐述如下。

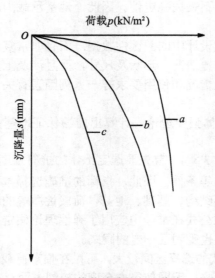

图 6.1 载荷试验的 p-s 曲线

太沙基根据上述试验研究提出两种典型的地基破坏模式，即整体剪切破坏及局部剪切破坏。图 6.2(a)给出了整体破坏的特征，当基础上荷载较小时，基础下形成一个三角形压密区 I，随着荷载增大，压密区向两侧挤压，土中产生塑性区，从基础边缘逐步扩大为图中的 II、III 塑性区，直到最后形成连续的滑动面延伸到地面，土从基础两侧挤出并隆起，基础的沉降急剧增大，整个地基失稳破坏。其 *p-s* 曲线如图 6.1 曲线 *a* 所示，有一个明显的拐弯点。整体剪切破坏通常发生在浅埋基础下的密砂或硬粘土等坚硬地基中。

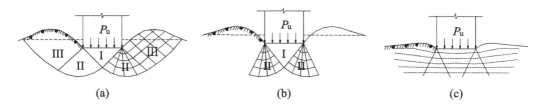

图 6.2 地基破坏模式

局部剪切破坏的特征是随着荷载的增加，地基中也产生压密区 I 及塑性区 II，但塑性区的发展限制在地基中的某一范围以内，地基内的滑动面并不延伸到地面，仅在地基两侧地面微微隆起，如图 6.2(b)所示。其 *p-s* 曲线如图 6.1 曲线 *b* 那样有一个转折点，但不像整体剪切破坏那么明显，压力超过转折点以后的沉降也没有整体剪切破坏那样急剧增加。局部剪切破坏通常发生在中等实砂土中。

魏锡克(Vesic)提出了上述两种地基破坏模式以外的第三种破坏模式，称为冲剪破坏，这种破坏模式通常发生在松砂或软土地基中。其破坏特征是随着荷载 *p* 的增加，基础下面的土层产生压缩变形，基础下沉并在基础两侧产生竖向的剪切变形，使基础"切入"土中，但侧向变形比较小，基础附近的地面没有明显的隆起现象，如图 6.2(c)所示。冲剪破坏的 *p-s* 曲线如图 6.1 曲线 *C*，曲线上没有明显的特征点，没有比例界限，也没有极限荷载。

地基的剪切破坏型式与多种因素有关，目前尚无合理的理论作为统一的判别标准。表 6-1 综合列出了条形基础在中心荷载下不同剪切破坏型式的各种特征，以供参考。

表 6-1 条形基础在中心荷载下地基破坏型式的特征

破坏型式	地基中滑动面	*p-s* 曲线	基础四周地面	基础沉降	基础表现	控制指标	事故出现情况	适用条件		
								基土	埋深	加荷速率
整体剪切	连续，至地面	有明显拐点	隆起	较小	倾斜	强度	突然倾斜	密实	小	缓慢
局部剪切	连续，地基内	拐点不易确定	有时稍有隆起	中等	可能倾斜	变形为主	较慢下沉时有倾斜	松散	中	快速或冲击荷载
冲剪	不连续	拐点无法确定	沿基础下陷	较大	仅有下沉	变形	缓慢下沉	软弱	大	快速或冲击荷载

6.2.2 整体剪切破坏的三个阶段

人们根据载荷试验结果进一步发现了地基整体剪切破坏的三个发展阶段，如图 6.3 所示。

（1）压密阶段。压密阶段又称直线变形阶段，相当于图示 p-s 曲线上的 oa 段，p-s 曲线接近于直线，土中各点的剪应力小于土的抗剪强度，土体处于弹性状态。载荷板的沉降主要是由于土体的压密引起的，直线阶段终点的对应荷载 p_{cr} 称为比例界限或临塑荷载，亦可称为拐点压力。地基的压密变形状态如图 6.3(b) 所示。

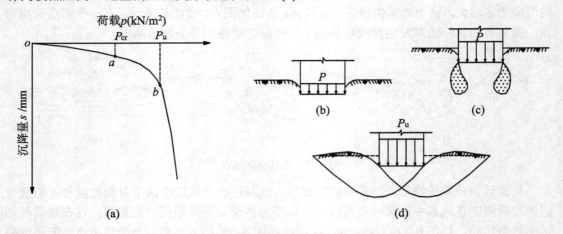

图 6.3 整体剪切破坏的三个阶段

（2）剪切阶段。剪切破坏相当于 p-s 曲线上的 ab 段，在这一阶段 p-s 曲线不再保持线性关系，沉降的增长率 $\Delta s/\Delta p$ 随荷载的增大而增加。其变形特征表示土体中已局部发生剪切变形，产生塑性区。塑性区首先从基础边缘处出现，随着荷载的继续增加，地基中的塑性区范围逐步扩大如图 6.3(c) 所示，直至达到土中形成连续的滑动面，从载荷板两侧挤出而破坏。可见，剪切阶段也就是地基中塑性区的发生与发展的阶段。剪切阶段终点的对应荷载 p_u 称为极限荷载。

（3）破坏阶段。破坏阶段相当于 p-s 曲线上的 bc 段。当荷载超过极限荷载后，载荷板急剧下沉，即使不增加荷载，沉降也不能稳定，p-s 曲线直线下降，由于地基中塑性区不断发展，最后在土体中形成连续滑动面，土从载荷四周挤出，地基土失稳而破坏，如图 6.3(d) 所示。

6.3 地基临塑荷载和塑性荷载

临塑荷载 p_{cr} 和塑性荷载($p_{1/4}$、$p_{1/3}$ 等)都是在整体剪切破坏的条件下导得的，对于局部剪切和冲剪破坏的情况，目前尚无理论公式可循。

临塑荷载是指地基土中将要出现但尚未出现塑性变形区时的基底压力。其计算公式可根据土中应力计算的弹性理论和土体极限平衡条件导出。

设地表作用一均布条形荷载 p_0，如图 6.4(a) 所示，在地表下任一深度点 M 处产生的大、小主应力可求得

$$\left.\begin{matrix} \sigma_1 \\ \sigma_3 \end{matrix}\right\} = \frac{p_0}{\pi}(\beta_0 \pm \sin\beta_0) \tag{6-1}$$

实际上一般基础都具有一定的埋置深度 d，如图 6.4(b)所示，此时地基中某点 M 的应力除了由基底附加应力 $p_0 = p - \gamma d$ 产生以外，还有土的自重应力。严格地说，M 点上土的自重应力在各向是不等的，因此上述两项在 M 点产生的应力在数值上不能叠加。为了简化起见，在下述荷载公式推导中，假定土的自重应力在各向相等，即相当于土的侧压力系数 K_0 取 1.0，因此，土的水平和竖向自重应力取值为 $(\gamma_0 d + \gamma z)$。故地基中任一点的 σ_1 和 σ_3 可写为

$$\left.\begin{array}{r}\sigma_1 \\ \sigma_3\end{array}\right\} = \frac{p - \gamma d}{\pi}(\beta_0 \pm \sin \beta_0) + \gamma_0 d + \gamma z \tag{6-2}$$

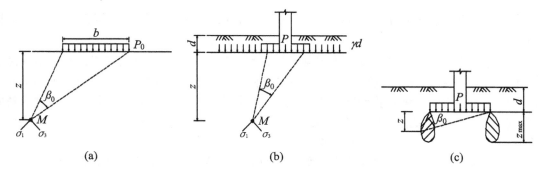

图 6.4　条形均布荷载作用下的地基主应力及塑性区

根据极限平衡理论，当 M 点处于极限平衡状态时，该点的大、小主应力应满足极限平衡条件式

$$\sin \phi = \frac{\sigma_1 - \sigma_3}{\sigma_1 + \sigma_3 + 2C \cot \phi}$$

将式(6-2)代入上式，整理可得塑性区的边界方程为

$$z = \frac{p - \gamma_0 d}{\pi \gamma}\left(\frac{\sin \beta_0}{\sin \varphi_0} - \beta_0\right) - \frac{C}{\gamma \tan \phi} - \frac{\gamma_0}{\gamma} d \tag{6-3}$$

式(6-3)表示在荷载 p 作用下地基土的塑性区边界上任一点的 z 与 β_0 之间的关系，亦称塑性界线方程。如果 p、γ_0、γ、d、C 和 ϕ 已知，则根据式(6-3)可绘出塑性区的边界线如图 6.4(c)所示。采用弹性理论计算，基础两边点的主应力最大，因此塑性区首先从基础两边点开始向深度发展。

塑性区发展的最大深度 $z_{\max}$，可由 $\dfrac{\mathrm{d}z}{\mathrm{d}\beta_0} = 0$ 的条件求得，即

$$\frac{\mathrm{d}z}{\mathrm{d}\beta_0} = \frac{p - \gamma_0 d}{\pi \gamma}\left(\frac{\cos \beta_0}{\sin \varphi} - 1\right) = 0$$

则有

$$\cos \beta_0 = \sin \phi$$

即

$$\beta_0 = \frac{\pi}{2} - \phi \tag{6-4}$$

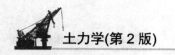

将 β_0 代入式(6-3)得塑性区发展最大深度 z_{max} 的表达式为

$$z_{max} = \frac{p - \gamma_0 d}{\pi \gamma}\left[\cot\phi - \left(\frac{\pi}{2} - \varphi\right)\right] - \frac{C}{\gamma \tan\phi} - \frac{\gamma_0}{\gamma}d \tag{6-5}$$

由上式可见，当其他条件不变时，荷载 p 增大，塑性区就发展，该区的最大深度也随着增大。若 $z_{max}=0$，则表示地基中将要出现但尚未出现塑性变形区，其相应的荷载即为临塑荷载 p_{cr}。因此，在式(6-5)中令 $z_{max}=0$，可得到临塑荷载的表达式为

$$p_{cr} = \frac{\pi(\gamma_0 d + C\cot\phi)}{\cot\phi + \phi - \frac{\pi}{2}} + \gamma_0 d \tag{6-6}$$

式中，γ_0 为基底标高以上土的加权平均重度，kN/m³；ϕ 为地基土的内摩擦角(弧度)。其他符号意义同前。

工程实践表明，即使地基发生局部剪切破坏，地基中塑性区有所发展，只要塑性区范围不超出某一限度，就不致影响建筑物的安全和正常使用，因此以 p_{cr} 作为地基土的承载力偏于保守。塑性荷载就是指地基土中已经出现塑性变形区，但尚未达到极限破坏时的基底压力($p_{1/4}$、$p_{1/3}$ 等)。地基塑性区发展的容许深度与建筑物类型、荷载性质以及土的特性等因素有关，目前在国际上尚无一致意见。

一般认为，在中心垂直荷载下，塑性区的最大发展深度 z_{max} 可控制在基础宽度的 1/4，相应的塑性荷载用 $p_{1/4}$ 表示。因此，在式(6-5)中令 $z_{max}=b/4$，可得到 $p_{1/4}$ 的计算公式为

$$p_{1/4} = \frac{\pi(\gamma_0 d + C\cot\phi + \gamma b/4)}{\cot\phi + \phi - \frac{\pi}{2}} + \gamma_0 d \tag{6-7}$$

式(6-7)也可改用下式表达

$$p_{1/4} = N_b \gamma b + N_d \gamma_0 d + N_c C \tag{6-8}$$

式中，N_b、N_d、N_c 分别称作为承载力系数，仅与土的抗剪强度指标 ϕ 有关。

$$N_b = \frac{\pi}{4(\cot\phi - \frac{\pi}{2} + \phi)}, \quad N_d = \frac{\cot\phi + \frac{\pi}{2} + \phi}{\cot\phi - \frac{\pi}{2} + \phi}, \quad N_c = \frac{\pi\cot\phi}{\cot\phi - \frac{\pi}{2} + \phi}$$

上式经过与载荷试验结果对比后，发现该公式计算结果较适合粘性土，对内摩擦角 ϕ 较大的砂类土，N_b 值偏低。

而对于偏心荷载作用的基础，也可取 $z_{max}=b/3$ 相应的塑性荷载 $p_{1/3}$ 作为地基的承载力，即

$$p_{1/3} = \frac{\pi(\gamma_0 d + C\cot\phi + \gamma b/3)}{\cot\phi + \phi - \frac{\pi}{2}} + \gamma_0 d \tag{6-9}$$

必须指出，上述公式是在条形均布荷载作用下导出的，对于矩形和圆形基础，其结果偏于安全。此外，在公式的推导过程中采用了弹性力学的解答，对于已出现塑性区的塑性变形阶段，其推导是不够严格的。

【例6.1】某条形基础宽 6m，基底埋深 1.4m，地基土 $\gamma = 18.0 \text{kN/m}^3$，$\phi = 22°$，$C=15.0\text{kPa}$，试计算该地基的临塑荷载 p_{cr} 及塑性荷载 $p_{1/4}$。

【解】

(1) 由式(6-6)可求得临塑荷载 p_{cr} 为

$$p_{cr} = \frac{\pi(18.0 \times 1.4 + 15.0 \cot 22°)}{\cot 22° + 22° \times \pi/180° - \pi/2} + 18.0 \times 1.4 = 178.9 \text{ kPa}$$

(2) 由式(6-7)可求得 $p_{1/4}$ 为

$$p_{1/4} = \frac{\pi(18.0 \times 1.4 + 15.0 \cot 22° + 18.0 \times 6/4)}{\cot 22° + 22° \times \pi/180° - \pi/2} + 18.0 \times 1.4 = 243.0 \text{ kPa}$$

6.4 地基极限荷载

地基的极限承载力 p_u 是地基承受基础荷载的极限压力，亦称地基极限荷载。其求解方法一般有两种：①根据土的极限平衡理论和已知的边界条件，计算出土中各点达极限平衡时的应力及滑动方向，求得基底极限承载力；②通过基础模型试验，研究地基的滑动面形状并进行简化，根据滑动土体的静力平衡条件求得极限承载力。由于推导时的假定条件不同，所得极限承载力的计算公式也就不同，下面介绍几种常见的地基极限承载力公式。

6.4.1 普朗德尔公式

1. 普朗德尔基本解

普朗德尔(L.Prandtl，1920)根据塑性力学理论，研究了坚硬物体压入较软的、均匀的、各向同性材料的过程，导出了极限荷载表达式。人们把他的解应用于解决地基承载力的课题上，进一步作了各种不同形式的修正，以便在工程实践中加以利用。

假定条形基础置于地基表面($d = 0$)，地基土无重量($\gamma = 0$)，且基础底面光滑无摩擦力时，如果基础下形成连续的塑性区而处于极限平衡状态时，根据塑性力学得到的地基滑动面形状如图 6.5 所示。地基的极限平衡区可分为 3 个区：在基底下的 I 区，因为假定基底无摩擦力，故基底平面是最大主应力面，基底竖向压力是大主应力，对称面上的水平压力是小主应力(即朗金主动土应力)。假定滑动面 AC(或 BC)与水平面成 ϕ 角，两组滑动面与基础底面间成 $(\pi/2 + \phi/2)$ 角，也就是说 I 区是朗金主动状态区；随着基础下沉，I 区土楔向两侧挤压，因此III区因水平向应力成为大主应力(即朗金被动土应力)而为朗金被动状态区，滑动面也是由两组平面组成，由于地基表面为最小主应力平面，故滑动面与地基表面成 $(\pi/2 - \phi/2)$ 角；I 区与 III 区的中间是过渡区 II 区，第 II 区的滑动面一组是辐射线，另一组是对数螺旋曲线，如图 6.5 所示的 CD 及 CE，其方程式为

$$r = r_0 e^{\theta \tan\phi} \tag{6-10}$$

式中，r——是从起点 o 到任意点 m 的距离，如图 6.6 所示；

r_0——沿任一所选择的轴线 on 的距离；

θ——on 与 om 之间的夹角；

任一点 m 的半径与该点的法线成 ϕ 角。

对以上情况，普朗德尔得出极限荷载的理论公式：

$$p_u = C\left[e^{\pi\tan\phi}\tan^2\left(\frac{\pi}{4}+\frac{\phi}{2}\right)-1\right]\cot\phi = C N_c \tag{6-11}$$

式中，N_c——承载力系数；

$$N_c = \left[e^{\pi\tan\phi}\tan^2\left(\frac{\pi}{4}+\frac{\phi}{2}\right)-1\right]\cot\phi，是土的内摩擦角\phi的函数，可从表 6-2 查得。$$

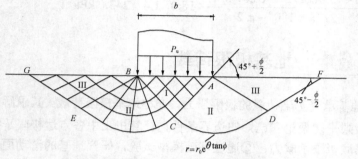

图 6.5　普朗德尔公式地基滑动面形状

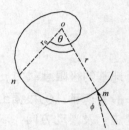

图 6.6　对数螺旋曲线

2. 赖斯纳对普朗德尔公式的补充

一般基础均有一定的埋置深度 d，若埋置深度较浅时，为简化起见，可忽略基础底面以上两侧土的抗剪强度，而将这部分土作为分布在基础两侧的均布荷载 $q = \gamma d$ 作用在 GF 面上，如图 6.7 所示。这部分超载限制了塑性区的滑动隆起，使地基极限承载力得到了提高。

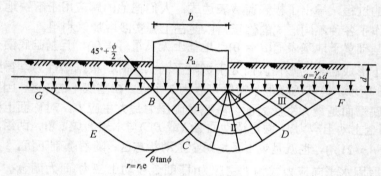

图 6.7　基础有埋深时的赖斯纳解

赖斯纳(H.Reissner，1924)在普朗德尔公式假定的基础上，导得了由超载 q 产生的极限荷载公式

$$p_u = q e^{\pi\tan\phi}\tan^2\left(\frac{\pi}{4}+\frac{\phi}{2}\right) = q N_q \tag{6-12}$$

式中，N_q——承载力系数；

$$N_q = e^{\pi\tan\phi}\tan^2\left(\frac{\pi}{4}+\frac{\phi}{2}\right)，是土的内摩擦角\phi的函数，可从表 6-2 查得。$$

表 6-2　普朗德尔公式的承载力表

$\phi/(°)$	0	5	10	15	20	25	30	35	40	45
N_γ	0	0.62	1.75	3.82	7.71	15.2	30.1	62.0	135.5	322.7
N_q	1.00	1.57	2.47	3.94	6.40	10.7	18.4	33.3	64.2	134.9
N_c	5.14	6.49	8.35	11.0	14.8	20.7	30.1	46.1	75.3	133.9

将式(6-11)和式(6-12)合并，得到不考虑基础以下土的自重时，埋置深度为 d 的条形基础的极限载荷公式：

$$p_u = qN_q + CN_c \tag{6-13}$$

承载力系数 N_q、N_c 可按土的内摩擦角 ϕ 值由表 6-2 查得。

从式(6-13)可看出，当基础放置在砂土地基($C=0$)表面上($d=0$)时，地基的承载力将等于零，这显然是不合理的。这种不符合实际现象的出现，主要是由于假设地基土无重度($\gamma=0$)，不考虑体积力所造成的。此外基底与土之间还存在一定的摩擦力，因此该公式只是一个近似公式。

如果考虑土的重力时，普朗德尔导得的滑动面 II 区中的 CD、CE，如图 6.5 及图 6.7 所示，就不再是对数螺旋曲线了，其滑动面形状将非常复杂。为了弥补这一缺陷，许多学者对普朗德尔-赖斯纳公式作了进一步的近似修正。

3. 泰勒对普朗德尔公式的补充

泰勒(D.W.Taylor，1948)提出，若考虑土体自重时，假定其滑动面与普朗德尔公式相同，那么如图 6.7 所示的滑动土体 $ABGECDF$ 的重力，将使滑动面 $GECDF$ 上土的抗剪强度增加。泰勒假定其增加值可用一个换算粘聚力 $C' = \gamma t$ 来表示，其中 γ 为土的重度，t 为滑动土体的换算高度，假定 $t = \dfrac{b}{2}\tan\left(\dfrac{\pi}{4} + \dfrac{\phi}{2}\right)$，其中 ϕ 为土的内摩擦角。这样用 $(C + C')$ 代替式(6-13)中的 C，即得考虑滑动土体重力时普朗德尔极限荷载计算公式：

$$
\begin{aligned}
p_u &= qN_q + (C + C')N_c = qN_q + C'N_c + CN_c \\
&= qN_q + CN_c + \gamma\frac{b}{2}\tan\left(\frac{\pi}{4} + \frac{\phi}{2}\right)\left[e^{\pi\tan\phi}\tan^2\left(\frac{\pi}{4} + \frac{\phi}{2}\right) - 1\right] \\
&= \frac{1}{2}\gamma b N_\gamma + qN_q + CN_c
\end{aligned} \tag{6-14}
$$

式中，N_γ——承载力系数；

$$N_\gamma = \tan\left(\frac{\pi}{4} + \frac{\phi}{2}\right)\left[e^{\pi\tan\phi}\tan^2\left(\frac{\pi}{4} + \frac{\phi}{2}\right) - 1\right] = (N_q - 1)\tan\left(\frac{\pi}{4} + \frac{\phi}{2}\right)，$$ 可按 ϕ 值从表 6-2 查得。

6.4.2　太沙基公式

太沙基(K.Terzaghi，1943)提出了条形基础的极限荷载公式。太沙基从实用考虑认为，当基础的长宽比 $l/b \geqslant 5$ 及基础的埋置深度 $d \leqslant b$ 时，就可视为是条形浅基础。基底以上的土体看作是作用在基础两侧底面上的均布荷载 $q = \gamma d$。

太沙基假定基础底面有完全光滑、完全粗糙及既非完全光滑又非完全粗糙三种情况，本节只按假定完全粗糙讨论。地基滑动面的形状如图 6.8 所示，也可以分成 3 个区：I 区在基底底面下的土楔ABC，由于基底是粗糙的，具有很大的摩擦力，因此AB面不会发生剪切位移，也不再是大主应力面，Ⅰ区内土体不是处于朗金主动状态，而是处于弹性压密状态，它与基础底面一起移动，并假定滑动面AC(或BC)与水平面成ϕ角。Ⅱ区假定与普朗德尔公式一样，滑动面一组是通过A、B点的辐射线，另一组是对数螺旋曲线CD、CE。前面已指出，如果考虑土的重度时，滑动面就不会是对数螺旋曲线，太沙基也忽略了土的重度对滑动面的影响，也是一种近似解。由于滑动面AC与CD间的夹角应该等于$(\pi/2+\phi)$，所以对数螺旋曲线在C点切线是竖直的。Ⅲ区是朗金被动状态区，滑动面AD及DF与水平面成$(\pi/4-\phi/2)$角。

若作用在基底的极限荷载为p_u时，假设此时发生整体剪切破坏，那么基底下的弹性压密区(Ⅰ区)ABC将贯入土中，向两侧挤压土体$ACDF$及$BCEG$达到被动破坏。因此，在AC及BC面上将作用被动力p_p，p_p与作用面的法线方向成δ角，已知摩擦角$\delta=\phi$，故p_p是竖直向的，如图6.9所示。取脱离体ABC，考虑单位长度基础，根据平衡条件

$$p_u b = 2C_1 \sin\phi + 2p_p - W \tag{6-15}$$

式中，C_1—— AC及BC面上土的粘聚力的合力，$C_1 = C\overline{AC} = \dfrac{Cb}{2\cos\phi}$；

W——土楔体ABC的重力，$W = \dfrac{1}{2}\gamma Hb = \dfrac{1}{4}\gamma b^2 \tan\phi$。

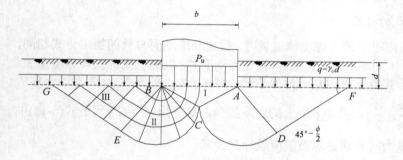

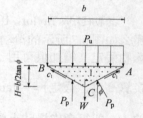

图6.8　太沙基公式地基滑动面形状　　图6.9　土楔ABC受力示意图

由此，公式(6-15)可写成

$$p_u = C\tan\phi + \frac{2p_p}{b} - \frac{1}{4}\gamma b\tan\phi \tag{6-16}$$

被动力p_p是由土的重度γ、粘聚力C及超载q三种因素引起的总值，要精确地求得它是很困难的。太沙基从实际工程要求的精度出发作了适当简化，认为浅基础的地基极限承载力可近似地假设为分别由三种情况近似结果的总和：①土是无质量、有粘聚力和内摩擦角，没有超载，即$\gamma=0$，$C\neq0$，$\phi\neq0$，$q=0$；②土是无质量、无粘聚力，但有内摩擦角、有超载，即$\gamma=0$，$C=0$，$\phi\neq0$，$q\neq0$；③土是有质量的，没有粘聚力，但有内摩擦角，没有超载，即$\gamma\neq0$，$C=0$，$\phi\neq0$，$q=0$。最后从式(6-16)可得太沙基的极限承载力公式

$$p_u = \frac{1}{2}\gamma b N_\gamma + q N_q + C N_c \tag{6-17}$$

式中，N_γ、N_q、N_c为承载力系数，它们都是无量纲系数，仅与土的内摩擦角ϕ有关，可由表6-3查得，N_γ也可按$N_\gamma=1.5(N_q-1)\tan\phi$计算，也可查太沙基承载力因数图，在此就不多作介绍。

表6-3 太沙基公式承载力系数表

$\phi/(°)$	0	5	10	15	20	25	30	35	40	45
N_γ	0	0.51	1.20	1.80	4.00	11.0	21.8	45.4	125	326
N_q	1.00	1.64	2.69	4.45	7.42	12.7	22.5	41.4	81.3	173.3
N_c	5.71	7.32	9.58	12.9	17.6	25.1	37.2	57.7	95.7	172.2

式(6-17)只适用于条形基础，圆形或方形基础属于三维问题，因数学上的困难，至今还未能导得其分析解，太沙基提出了半经验的极限荷载公式。

圆形基础：

$$p_u = 0.6\gamma R N_\gamma + q N_q + 1.2 C N_c \tag{6-18}$$

式中，R——圆形基础的半径，m；

其余符号意义同前。

方形基础：

$$p_u = 0.4\gamma b N_\gamma + q N_q + 1.2 C N_c \tag{6-19}$$

式(6-17)～式(6-19)只适用于地基土是整体剪切破坏情况，即地基土较密实，其 p-s 曲线有明显的转折点，破坏前沉降不大等情况。对于松软土质，地基破坏是局部剪切破坏，沉降较大，其极限荷载较小。太沙基建议在这种情况下采用较小的 $\bar{\phi}$、$\bar{C}$ 值代入以上公式计算极限承载力。即令

$$\tan\bar{\phi} = \frac{2}{3}\tan\phi \qquad \bar{C} = \frac{2}{3}C \tag{6-20}$$

根据 $\bar{\phi}$ 值从表 6-3 中查承载力系数，并用 $\bar{C}$ 代入公式计算。

6.4.3 汉森公式

前面所介绍的普朗德尔公式及太沙基极限承载力公式，都只是用于中心竖向荷载作用时的条形基础，同时不考虑基底以上土的抗剪强度的作用。因此，如果基础上作用的荷载是倾斜的或有偏心，基底的形状是矩形或圆形，基础的埋置深度较深，计算时需要考虑基底以上土的抗剪强度影响，或土中有地下水时，就不能直接应用前述极限荷载公式。针对这类情况，我们介绍一下汉森极限承载力计算公式。

汉森(Hanse)建议，对于均质地基，基底完全光滑，在中心倾斜荷载作用下，不同基础形状及不同埋置深度时的极限承载力计算公式如下。

$$p_u = \frac{1}{2}\gamma b N_\gamma i_\gamma s_\gamma d_\gamma g_\gamma b_\gamma + q N_q i_q s_q d_q g_q b_q + C N_c i_c s_c d_c g_c b_c \tag{6-21}$$

式中，N_γ、N_q、N_c——承载力系数。N_q、N_c 值与普朗德尔公式相同，见式(6-10)及式(6-11)，或由表 6-2 得得；N_γ 值汉森建议按 $N_\gamma = 1.5(N_q-1)\tan\phi$ 计算；

i_γ、i_q、i_c——荷载倾斜系数，其表达式及以下各系数均见表6-4；

g_γ、g_q、g_c——地面倾斜系数；

b_γ、b_q、b_c——基底倾斜系数；

s_γ、s_q、s_c——基础形状系数；

d_γ、d_q、d_c——深度系数。

其余符号意义同前。

从上述公式可知，汉森公式考虑的承载力影响因素是比较全面，在国外许多设计规范中得到广泛的采用，北欧各国运用颇多，如丹麦基础工程实用规范等。下面对汉森公式的使用作简要的说明。

(1) 荷载偏心及倾斜的影响。如果作用在基础底面的荷载是竖直偏心荷载，那么计算极限超载力时，可引入假想的基础有效宽度 $b' = b - 2e_b$ 来代替基础的实际深度 b，其中 e_b 为荷载偏心距。如果有两个方向的偏心，这个修正方法对基础长度方向的偏心荷载也同样适用，即用有效长度 $l' = l - 2e_l$ 代替基础实际长度 l。

如果作用的荷载是倾斜的，汉森建议可以把中心竖向荷载作用时的极限荷载承载力公式中的各项分别乘以荷载倾斜系数 i_γ、i_q、i_c，见表 6-4，作为考虑荷载倾斜的影响。

(2) 基础底面形状及埋置深度的影响。矩形或圆形基础的极限承载力计算在数学上求解比较困难，目前都是根据各种形状基础所做的对比荷载试验，提出了将条形基础极限荷载公式进行逐项修正。表 6-4 中给出了汉森提出的基础形状修正系数 s_γ、s_q、s_c 的表达式。

前述的极限荷载承载力计算公式，都忽略了基础底面以上土的抗剪强度影响，也即假定滑动面发展到基底水平面为止。这对基础埋深较浅，或基底以上土层较弱时是适用的，但当基础埋深较大，或基底以上土层的抗剪强度较大时，就应该考虑这一范围内土的抗剪强度影响。汉森建议用深度系数 d_γ、d_q、d_c 对前述极限承载力公式进行逐项修正，见表 6-4。

(3) 地下水的影响。式(6-21)中的第一项 γ 是基底下最大滑动深度范围内地基土的重度，第二项 $(q = \gamma d)$ 中的 γ 是基底以上地基土的重度，在进行承载力计算时，水下的土均采用有效重度，如果在各自范围内的地基由重度不同的多层土组成，应按层厚加权平均取值。

表 6-4　汉森公式的承载力修正系数表

系　数	公　式	说　明
荷载倾斜系数表	$i_\gamma = \left(1 - \dfrac{0.7H - \eta/450^\circ}{P + CA\cot\phi}\right)^5 > 0$ $i_q = \left(1 - \dfrac{0.5H}{P + CA\cot\phi}\right)^5 > 0$ $i_c = \begin{cases} 0.5 - 0.5\sqrt{1 - \dfrac{H}{CA}}, & \phi = 0 \\[2mm] i_q - \dfrac{1 - i_q}{CN_c}, & \phi > 0 \end{cases}$	P、H——作用在基础底面的竖向荷载及水平荷载 A——基础底面面积，$A = b \times l$（偏心荷载时为有效面积 $A = b' \times l'$） η——倾斜基底与水平面的夹角（°）(图 6.10)
基础形状系数表	$s_\gamma = 1 - 0.4i_\gamma K$ $s_q = 1 + i_q K \sin\phi$ $s_c = 1 + 0.2i_c K$	对于矩形基础，$K = b/l$ 对于方形或圆形基础，$K = 1$
深度系数表	$d_\gamma = 1$ $d_q = \begin{cases} 1 + 2\tan\phi(1 - \sin\phi)^2\dfrac{d}{b} \\[2mm] 1 + 2\tan\phi(1 - \sin\phi)^2\arctan\dfrac{d}{b} \end{cases}$ $d_c = \begin{cases} 1 + 0.35\dfrac{d}{b} \\[2mm] 1 + 0.4\arctan(\dfrac{d}{b}) \end{cases}$	式中括号上、下两部分分别表示在 $d \leqslant b$ 和 $d > b$ 情况下的深度系数表达式偏心荷载时，表中 b、l 均采用有效宽(长)度 b'、l'

续表

系 数	公 式	说 明
地面 倾斜 系数	$g_c = 1 - \dfrac{\beta}{147°}$ $g_q = g_\gamma = (1 - 0.5\tan\beta)^5$	地面或基础底面本身倾斜，均对承载力产生影响。 若地面与水平面的倾角 β 以及基底与水平面的倾角 η 为正值，如图 6.10 所示，且满足 $\eta + \beta \leqslant 90°$ 时， 两者的影响可按下列近似公式确定
基底 倾斜 系数	$b_c = 1 - \dfrac{\eta}{147°}$ $b_q = \exp(-2\eta\tan\phi)$ $b_\gamma = \exp(-2.7\eta\tan\phi)$	

由上述理论公式计算的极限承载力是在地基处于极限平衡时的承载力，为了保证建筑物的安全和正常使用，地基承载力设计值应以一定的安全度将极限承载力加以折减。

综上所述，地基承载力问题是一个十分复杂的问题，而岩土工程设计施工时要考虑的问题更加复杂。如现在我们对建筑物的安全问题越来越重视，因此，在承载力满足了要求外，还要求我们更为仔细地考虑地基变形问题。因为在过去的大量的工程实践中，人们发现其地基变形过大导致建筑物不能正常使用的问题经常出现(图 6.11)。因此，我们以后应把地基承载力问题和地基变形问题结合起来考虑，这一点，将在《基础工程》中重点予以介绍。

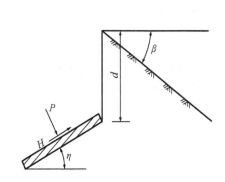

图 6.10　地面或基底倾斜情况

图 6.11　地面或基底倾斜情况

【例 6.2】　若例 6.1 的地基属于整体剪切破坏，试分别采用太沙基公式及汉森公式确定其承载力设计值，并与 $p_{1/4}$ 进行比较。

【解】

(1) 采用太沙基公式计算。

根据 $\phi = 22°$，由表 6-3 用插值法可得太沙基承载力因数为

$$N_\gamma = 6.8, \quad N_q = 9.5, \quad N_c = 20.6$$

由式(6-17)可得极限承载力为

$$p_u = 6.8 \times 18.0 \times 6/2 + 9.5 \times 18.0 \times 1.4 + 20.6 \times 15.0 = 915.6\text{kPa}$$

(2) 采用汉森公式计算。

由式(6-21)可得 $N_\gamma = 4.4$，$N_q = 8.3$，$N_c = 17.2$；垂直荷载 $i_\gamma = i_q = i_c = 1$；条形基础 $s_\gamma = s_q = s_c = 1$；

又 $\beta=0$ 和 $\eta=0$，故 $g_{\gamma}=g_q=g_c=b_{\gamma}=b_q=b_c=1$；根据 $d/b=0.24$，由表 6-4 可得：

$$d_{\gamma}=1$$

$$d_q=1+\tan 22°(1-\sin 22°)\times 0.24=1.1$$

$$d_c=1+0.35\times 0.24=1.1$$

所以
$$p_u=18.0\times 6\times 4.4\times 1\times 1\times 1\times 1/2+18.0\times 1.4\times 8.3\times 1\times 1.1\times 1\times 1\times 1$$
$$+15.0\times 17.2\times 1\times 1.1\times 1\times 1\times 1=751.5\text{kPa}$$

(3) 若取安全系数 $K=3$(粘性土)。则可得承载力设计值 p_v 分别为

太沙基公式：$\quad p_v=\dfrac{915.6}{3}=305.2\text{kPa}$

汉森公式：$\quad p_v=\dfrac{751.5}{3}=250.5\text{kPa}$

而
$$p_{1/4}=243.0\text{kPa}$$

由上可见，对于该例题地基，当取安全系数为 3.0 时，汉森公式计算的承载力设计值与 $p_{1/4}$ 比较一致，而太沙基公式计算的结果则偏大。

6.5　浅基础地基承载力设计值的确定

从前面的研究得知，浅基础地基承载力设计值除了与土的抗剪强度参数有关之外，还与基础的形状和埋深有关。其中，还牵涉设计安全度的概念。

6.5.1　地基承载力的设计原则

为了满足地基强度和稳定性的要求，设计时必须控制基础底面的压力不得大于某一界限值，按照不同的设计思想，可以从不同的角度设置控制安全准则的界限值。

地基承载力设计可以按三种不同的原则进行，即容许承载力设计原则、总安全系数设计原则和概率极限状态设计原则。不同的设计原则遵循各自的安全准则，按不同的规则和不同的公式进行设计。

1. 容许承载力设计原则

容许承载力设计原则是我国最常用的方法，已积累了丰富的工程经验。我国交通部《公路桥涵地基与基础设计规范》(JTG D63—2007)(以下简称《路桥地基规范》)就是一本采用容许承载力设计原则的最典型的设计规范，还有一大批地方规范也采用容许承载力设计原则。

按照我国的设计习惯，容许承载力一词实际上包括了两种概念。一种仅指取用的承载力满足强度与稳定性的要求，在荷载作用下地基土尚处于弹性状态或仅局部出现了塑性，取用的承载力值距极限承载力有足够的安全度；另一种概念是指不仅满足强度和稳定性的要求，同时还必须满足建筑物容许变形的要求，即同时满足强度和变形的要求。前一种概念完全限于地基承载力能力的取值问题，是对强度和稳定性的一种控制标准，是相对于极限承载力而言的；后一种概念是对地基设计的控制标准，地基设计必须同时满足强度和变形两个要求，缺一不可。显然，这两个概念说的并不是同一个范畴的问题，但由于都使用了"容许承载力"这一术语，容易混淆概念。在本书里所说的"容许承载力"都是指地基

的强度和变形要求而言的，指的是在地基土的压力变形曲线线性变形段内相应于不超过比例界限点的地基压力值，其设计表达式为

$$p \leqslant [\sigma_0] \tag{6-22}$$

式中，p——基础底面的平均压力，kPa；

　　$[\sigma_0]$——地基容许承载力，kPa。

地基容许承载力可以由载荷试验求得，也可以用理论公式计算。可以根据土层的特点和设计需要采用不同的取值标准；用理论公式时也可根据需要采用临塑荷载公式或临界荷载公式进行计算。

2. 安全系数设计原则

在讨论容许承载力概念时，已经说到了安全度的问题，容许承载力已经隐含着保证安全度的安全系数，在设计表达式中并不出现安全系数。如果将安全系数作为控制设计的标准，在设计表达式中出现的极限承载力设计方法，称为安全系数设计原则。为了与后面的分项安全系数相区别，通常称为总安全系数设计原则，其设计表达式为

$$p \leqslant \frac{p_u}{K} \tag{6-23}$$

式中，P_u——地基极限承载力，kPa；

　　K——安全系数。

与确定地基容许承载力相似，地基极限承载力也可以由载荷试验求得或用理论公式(见第 6.4 节)计算。我国有些规范采用极限荷载公式，但积累的工程经验不太多；国外普遍采用极限荷载公式，其安全系数一般取 2～3。

3. 概率极限状态设计原则

国际标准《结构可靠性总原则》ISO 2394 对土木工程领域的设计采用了以概率理论为基础的极限状态设计方法。我国为了与国际接轨，从 20 世纪 80 年代开始在建筑工程领域内使用概率极限状态设计原则，现行的《建筑地基基础设计规范》(GB 50007—2011)(以下简称《地基基础设计规范》)就是按这一原则要求来制定的。

《地基基础设计规范》虽然采用概率极限状态设计原则确定地基承载力采用特征值，但由于在地基基础设计中有些参数因为统计的困难和统计资料的不足，在很大程度在还要凭经验确定。

6.5.2　我国《建筑地基基础设计规范》的地基承载力特征值

根据国外有关文献，相应于我国规范"标准值"的含义可以有特征值、公称值、名义值、标定值四种，在国际标准《结构可靠性总原则》ISO 2394 中相应的术语直译为"特征值"(Characteristic Value)，该值的确定可以是统计得出的，也可以是传统经验值或某一物理量限定的值。在我国现行的《地基基础设计规范》中采用"特征值"一词，用以表示正常使用极限状态计算时采用的地基承载力和单桩承载力的值，其涵义即为在发挥正常使用功能时所允许采用的抗力设计值，以避免过去一律提"标准值"时所带来的混淆。

地基承载力特征值指由载荷试验测定的地基土压力变形曲线线性变形段内规定的变形所对应的压力值，其最大值为比例界限值。地基承载力特征值可由载荷试验或其他原位测试、公式计算、并结合工程实践经验等方法综合确定。

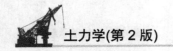

1. 按荷载试验确定地基土的承载力特征值

在现场通过一定尺寸的载荷板对扰动较少的地基土体直接施荷,所测得的成果一般能反映相当 1～2 倍荷载板宽度的深度以内土体的平均性质。这样大的影响范围是许多其他测试方法达不到的。载荷试验虽然比较可靠,但费时、耗资,不能多做,规范只要求对地基基础设计等级为甲级的建筑物采用荷载试验、理论公式计算及其他原位试验等方法综合确定。对于成分或结构很不均匀的土层,如杂填土、裂隙土、风化岩等,载荷试验则显出用别的方法所难以代替的作用。有些规范中的地基承载力表所提供的经验性数据也是以静荷载试验成果为基础的。

除了载荷试验外,静力触探、动力触探、标准贯入试验等远原位测试如图 6.12 和图 6.13 所示,在我国已经积累了丰富经验,《地基基础设计规范》允许将其应用于确定地基承载力特征值。但是强调必须有地区经验,即当地的对比资料,还应对承载力特征值进行基础宽度和埋置深度修正,见式(6-25)。同时还应注意,当地基基础设计等级为甲级和乙级时,应结合室内试验成果综合分析,不宜单独应用。

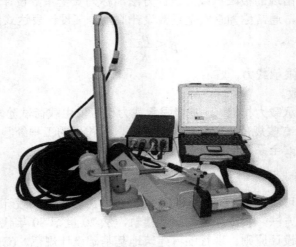

图 6.12　多功能静力触探仪

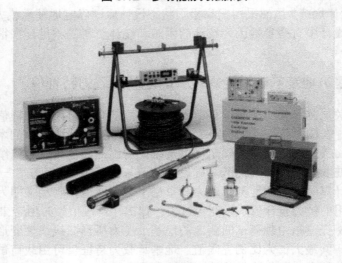

图 6.13　自钻式旁压仪

2. 按《建筑地基基础设计规范》推荐的理论公式确定

对于荷载偏心距 $e \leqslant 0.033b$(b 为偏心方向基础边长)时,浅基础地基的塑性荷载 $p_{1/4}$ 为基础的理论公式计算地基承载力特征值:

$$f_a = M_b \gamma b + M_d \gamma_m d + M_c C_k \tag{6-24}$$

式中,f_a——由土的抗剪强度指标确定的地基承载力特征值,kPa;

M_b、M_d、M_c——承载力系数,根据 ϕ_k 按表 6-5 查取;

b——基础底面宽度(m),大于 6m 时按 6m 取值,对于砂土,小于 3m 时按 3m 取值;

C_k——基底下一倍短边宽度的深度范围内土的粘聚力标准值,kPa;

ϕ_k——基底下一倍短边宽度的深度范围内土的内摩擦角标准值;

γ——基础底面以下土的重度,地下水位以下取浮重度(kN/m³);

γ_m——基础埋深范围内各层土的加权平均重度,地下水位以下取浮重度(kN/m³);

d——基础埋置深度(m),当 $d < 0.5m$ 时按 0.5m 取值,自室外地面标高算起。在填方整平地区,可自填土地面标高算起,但填土在上部结构施工后完成时,应从天然地面标高算起。对于地下室,如采用箱形基础或筏板时,基础埋置深度自室外地面标高算起;当采用独立基础或条形基础,应从室内地面标高算起。

表 6-5 承载力系数 M_b、M_d、M_c

土的内摩擦角标准值 ϕ_k	M_b	M_d	M_c
0	0	1.00	3.14
2	0.03	1.12	3.32
4	0.06	1.25	3.51
6	0.10	1.39	3.71
8	0.14	1.55	3.93
10	0.18	1.73	4.17
12	0.23	1.94	4.42
14	0.29	2.17	4.69
16	0.36	2.43	5.00
18	0.43	2.72	5.31
20	0.51	3.06	5.66
22	0.61	3.44	6.04
24	0.80(0.7)	3.87	6.45
26	1.10(0.8)	4.37	6.90
28	1.40(1.0)	4.93	7.40
30	1.90(1.2)	5.59	7.95
32	2.60(1.4)	6.35	8.55
34	3.40(1.6)	7.21	9.22
36	4.20(1.8)	8.25	9.97
38	5.00(2.1)	9.44	10.80
40	5.80(2.5)	10.84	11.73

注:上表括号内的值是指,当内摩擦角标准值 $\phi_k \geqslant 24°$ 时,用式(6-8)计算的数值;而在实际应用时应取增大的经验值,以充分发挥砂土地基承载力的潜力。

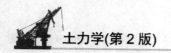

3. 按地基承载力表确定

1974 年版的《建筑地基基础设计规范》建立了土的物理性质与地基承载力之间的关系,1989 年版的《建筑地基基础设计规范》仍保留了地基承载力表,并在使用上加以适当限制。承载力表使用方便是其主要优点,但也存在一些问题。地基承载力表是用大量的试验数据,通过统计分析得到的。由于我国幅员辽阔,地质条件各异,用几张表格很难概括全国的土质地基承载力规律。用经验值查表法确定地基承载力,在大多数地区可能基本适合或偏于保守,但也不排除个别地区可能不安全。此外,随着设计水平的提高和对工程质量要求的趋于严格,变形控制已是地基设计的重要原则。因此,作为国标,如仍沿用地基承载力表,显然已不再适应当前的要求,所以现行的《建筑地基基础设计规范》取消了地基承载力表。但是允许各地区(省、市、自治区)根据试验和地区经验,制定地方性建筑地基基础设计规范,确定地基承载力表等设计参数。实际上是将原全国统一的地基承载力表地域化。

考虑增加基础宽度和埋置深度,地基承载力也将随之提高,因此应将地基承载力对不同的基础宽度和埋置深度进行修正,才适于设计用。《建筑地基基础设计规范》规定:当基础宽度大于 3m 或埋置深度大于 0.5m 时,从载荷试验或其他原位测试、经验值等方法确定的地基承载力特征值还应按下式修正:

$$f_\mathrm{a} = f_\mathrm{ak} + \eta_b \gamma (b-3) + \eta_d \gamma_m (d-0.5) \qquad (6\text{-}25)$$

式中,f_a——修正后的地基承载力特征值,kPa;

f_ak——地基承载力特征值,kPa;

η_b、η_d——分别为基础宽度和埋深的地基承载力修正系数,按基底下土的类别查表 6-6 取值;

其余符号意义同前。

但是应注意,当 $b<3.0$m 时,按 $b=3.0$m 考虑;当 $b>6.0$m,按 $b=6.0$m 考虑。

表 6-6　地基承载力修正系数

土的类别		η_b	η_d
淤泥和淤泥质土		0	1.0
人工填土,e 或 I_1 大于等于 0.85 的粘性土		0	1.0
红粘土	含水比 $a_w > 0.8$	0	1.2
	含水比 $a_w \leqslant 0.8$	0.15	1.4
大面积压密填土	压密系数大于 0.95、粘粒含量 $\rho_c \geqslant 100\%$ 的粉土	0	1.5
	最大于密度大于 2.1t/m³ 的级配砂石	0	2.0
粉土	粘粒含量 $\rho_c \geqslant 10\%$ 的粉土	0.3	1.5
	粘粒含量 $\rho_c < 10\%$的粉土	0.5	2.0
e 及 I_1 均小于 0.85 的粘性土		0.3	1.6
粉砂、细砂(不包括很湿与饱和时的稍密状态)		2.0	3.0
中砂、粗砂、砾砂和碎石土		3.0	4.4

注:① 强风化和全风化的岩石,可参照所风化的相应土类取值,其他状态下的岩石不修正。
　　② 地基承载力特征值按《建筑地基基础设计规范》附录 D 深层平板载荷试验时确定时 η_d 取 0。

6.5.3　我国《路桥地基规范》的地基承载力容许值

桥涵地基的容许承载力，可根据地质勘测、原位测试、野外荷载试验、邻近旧桥涵调查对比，以及既有的建筑经验和理论公式的计算综合分析确定。还可以按《路桥地基规范》提供的承载力表来确定地基容许承载力，步骤如下。

(1) 确定土的分类名称。通常把一般地基土，根据塑性指数、粒径、工程地质特征等分为六类，即粘性土、砂类土、碎卵石类土、黄土、冻土及岩土。

(2) 确定土的状态。土的状态是指土层所处的天然松密和稠密状态。粘性土的天然状态按液性指数(即稠度指数)分为坚硬状态、半坚硬状态、硬塑状态、软塑状态和极软状态；砂类土根据相对密度分为稍松、中等密实、密实状态；碎卵石类土则按密实度分为密实、中等密实及松散。

(3) 确定土的容许承载力$[\sigma_0]$。当基础最小边宽度 $b \leqslant 2\text{m}$、埋置深度 $h \leqslant 3\text{m}$ 时，各类地基土在各种有关自然状态下容许承载力$[\sigma_0]$可从规范查取。一般粘性土可按液性指数及天然孔隙比从表 6-7 查取$[\sigma_0]$值。砂类土地基的容许承载力$[\sigma_0]$可按密实度和湿度从表 6-8 查取。

表 6-7　一般粘性土地基的容许承载力$[\sigma_0]$(kPa)

土的天然空隙比 e_0	地基土的塑性指数										
	0	0.1	0.2	0.3	0.4	0.5	0.6	0.7	0.8	0.9	1.0
0.5	450	440	430	420	400	380	350	310	270	240	220
0.6	420	410	400	380	360	340	310	280	250	220	200
0.7	400	370	350	330	310	290	270	240	220	190	170
0.8	380	330	300	280	260	240	230	210	180	160	150
0.9	320	250	260	240	220	210	190	180	160	140	130
1.0	250	230	220	210	190	170	160	150	140	120	110
1.1	—	—	160	150	140	130	120	110	100	90	—

注：当土中含有粒径大于 2mm 的颗粒质量超过全部质量的 30%时，$[\sigma_0]$可酌量提高。

表 6-8　砂类土地基的容许承载力$[\sigma_0]$(kPa)

名　　　称	湿　　度	密　　实	中　密	松　　散
砾砂、粗砂	与湿度无关	550	400	200
中砂	与湿度无关	450	350	150
细纱	水上 水下	350 300	250 200	100 —
粉砂	水上 水下	300 200	200 100	— —

注：在地下水位以上的地基土湿度为"水上"，地下水位以下的为"水下"。对其他如碎石类土、岩石地基等的容许承载力可参阅《路桥地基规范》。

(4) 按基础埋深、宽度修正$[\sigma_0]$，确定地基容许承载力$[\sigma_0]$当基础宽度 b 超过 2m，基础埋置深度 h 超过 3m，且 $h/b \leqslant 4$ 时，上述一般地基土(除冻土和岩石外)的容许承载力$[\sigma]$可按下式计算：

$$[\sigma] = [\sigma_0] + K_1 \gamma_1 (b-2) + K_2 \gamma_2 (h-3) \tag{6-26}$$

式中，$[\sigma]$——地基土修正后的容许承载力，kPa；

$[\sigma_0]$——当基础宽度 b 超过2m，基础埋置深度 h 超过3m时地基的容许承载力，kPa；

b——基础验算剖面底面的最小边宽或直径，m，如 $b \geq 10$m 时，仍按10m计算；

h——基础的埋置深度，m，对于受水流冲刷的基础，由一般冲刷线算起，不受水流冲刷的基础，由挖方后的地面算起；当 $h \leq 3$m 时，仍按3m计算；

γ——基底下持力层的天然容重，kN/m³，如持力层在水面以下且为透水性时，应取用浮容重；

γ_2——基底以上土的容重(如为多层土时用换算容重)，kN/m³。如持力层在水面以下并为不透水性土时，则不论基底以上土的透水性性质如何，应一律采用饱和容重，如持力层为透水性土时，应一律采用浮容重；

K_1、K_2——按持力层类确定的宽度和深度方面的修正系数，其值按持力层土类从表6-9选用。

表6-9　修正系数 K_1、K_2

土名\系数	粘 性 土					黄 土	
	新进沉积粘性土	一般粘性土		老粘性土	残积土	一般新黄土、老黄土	新进堆积黄土
		$I_l<0.5$	$I_l \geq 0.5$				
K_1	0	0	0	0	0	0	0
K_2	1	2.5	1.5	2.5	1.5	1.5	1.0
土名\系数	砂 土					碎 石 土	
	粉 砂	细 砂		中 砂	砾砂精砂	碎石圆砾角砾	卵 石
K_1	1.2 1.0	2.0	1.5	3.0 2.0	4.0 3.0	4.0 3.0	4.0 3.0
K_2	2.5 2.0	4.0	3.0	5.5 4.0	6.0 5.0	6.0 5.0	10.0 6.0

注：① 对于稍松状态的砂类土和松散状态的卵石类土的 K_1、K_2 值，可按上表相应中密实系数折半计算。

② 节理不发育或较发育的岩石不作宽、深修正；节理发育或很发育的岩石，K_1、K_2 值可参照碎石的系数，但对已风化成砂、土状者，可参照砂土、粘性土的系数。

【例6.3】某桥梁基础，基础埋深(一般冲刷下)$h=5.2$m，基础底面短边尺寸 $b=2.6$m。地基土为一般粘性土，天然孔隙比 $e_0=0.85$，液性指数 $I_1=0.7$，土在水面以下的容重(饱和状态)$\gamma_0=27$kN/m³。要求按《路桥地基规范》：①查表确定地基土的容许承载力；②计算对基础宽度、埋深修正后的地基容许承载力。

【解】

(1) 按 $e_0=0.85$，$I_1=0.7$，一般粘性土查表6-7得：$[\sigma_0]=195$ kPa。

(2) 一般粘性土按 $I_1=0.7(>0.5)$查表6-9得：$K_1=0$，$K_2=1.5$。

持力层为水面以下的不透水层：$\gamma_2=27$ kN/m³。修正后的地基容许承载力为

$[\sigma]=[\sigma_0]+K_1\gamma_1(b-2)+K_2\gamma_2(h-3)=195+0+1.5\times27\times(5.2-3)=284.10$kPa

注：以上计算未考虑平均常水位、荷载组合及地基条件对容许承载力的修正。

【例6.4】已知某拟建建筑物场地地质条件，第一层：杂填土，层厚1.0m，$\gamma=18$ kN/m³；第二层：粉质粘土，层厚4.2m，$\gamma=18.5$ kN/m³，$e=0.92$，$I_1=0.94$，地基承载力特征值 $f_{ak}=136$kPa。

试按以下基础条件分别计算修正后的地基承载力特征值：①当基础底面为 4.0m×2.6m 的矩形独立基础，埋深 d=1.0m；②当基础底面为 9.5m×36m 的箱形基础，埋深 d=3.5m。

【解】

根据《建筑地基基础设计规范》(GB 50007—2011)规定。

(1) 矩形独立基础下修正后的地基承载力特征值 f_a。

基础宽度 b=2.6m（<3m），按 3m 考虑；埋深 d=1.0m，持力层粉质粘土的孔隙比 e=0.92（>0.85），查表 6-6 得：

$$\eta_b = 0, \quad \eta_d = 1.0$$

$$f_a = f_{ak} + \eta_b \gamma (b-3) + \eta_d \gamma_m (d-0.5) = 136 + 0 + 1.0 \times 18 \times (10-0.5) = 145.0 \text{ kPa}$$

(2) 箱形基础下修正后的地基承载力特征值 f_a。

基础宽度 b=9.5m（>6m），按 6m 考虑；埋深 d=3.5m，持力层仍为粉质粘土，$\eta_b = 0$，$\eta_d = 1.0$。

$$\gamma_m = (18 \times 1.0 + 18.5 \times 2.5)/3.5 = 18.4 \text{kN/m}^3$$

$$f_a = 136 + 0 \times 18.5 \times (6-3) + 1.0 \times 18.4 \times (3.5-0.58) = 191.2 \text{ kPa}$$

【例 6.5】 某建筑物承受中心荷载的柱下独立基础底面尺寸为 2.5m×1.5m，埋深 d=1.6m；地基土为粉土，土的物理力学性质指标：$\gamma = 17.8 \text{kN/m}^3$，$C_k = 1.2\text{kPa}$，$\phi_k = 22°$，试确定持力层的地基承载力特征值。

【解】

根据 ϕ_k=22° 查表 6-5 得：$M_b = 0.61$，$M_d = 3.44$，$M_c = 6.04$

$$f_a = M_b \gamma_b + M_d \gamma_m d + M_c C_k = 0.61 \times 17.8 \times 1.5 + 3.44 \times 17.8 \times 1.6 + 6.04 \times 1.2 = 121.5 \text{kPa}$$

本 章 小 结

本章重点介绍了地基的破坏模式、地基临塑荷载和临界荷载等概念。同时，我们应该好好掌握条形荷载作用下整体破坏模式的地基极限荷载理论，在此基础上掌握太沙基极限承载力理论的几个相关公式。

深刻领会我国地基承载力技术的发展现状和技术水平，它与现有的各种地基承载力理论计算值的关系，从而对深基础地基承载力理论有较好的理解，使自己成为一个有较好理论素养的卓越的岩土工程师。

习 题

1. 某条形基础宽 3m，基底埋深 1.2m，建于均质的粘土地基上，土层 $\gamma = 18.5\text{kN/m}^3$，$\phi = 20°$，$C$=15.0kPa，试计算该地基的临塑荷载 p_{cr} 及塑性荷载 $p_{1/4}$。

2. 某方型基础受中心垂直荷载作用，b=5m，d=2.0m，地基为坚硬粘土，$\gamma = 18.2\text{kN/m}^3$，$\phi = 20°$，$C$=15.0kPa，试分别按 $p_{1/4}$、太沙基公式及汉森公式确定地基的承载力(安全系数取 3.0)。

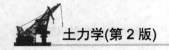

3. 某桥梁基础，基础埋置深度(一般冲刷下)h=4.2m，基础底面短边尺寸 b=2.6m。地基土为一般粘性土，天然孔隙比 e_0=0.80，液性指数 I_1=0.75，土在水面以下的容重(饱和状态) $\gamma_0 = 28 \text{kN/m}^3$。要求按《路桥地基规范》：①查表确定地基土的容许承载力；②计算对基础宽度、埋深修正后的地基容许承载力。

4. 已知某拟建建筑物场地地质条件，第一层：杂填土，层厚 1.0m，$\gamma = 18 \text{kN/m}^3$；第二层：粉质粘土，层厚 4.2m，$\gamma = 18.5 \text{kN/m}^3$，$e$=0.85，$I_1$=0.75，地基承载力特征值 f_{ak}=130kPa，试按以下基础条件分别计算修正后的地基承载力特征值：

① 当基础底面为 4.0m×2.5m 的矩形独立基础，埋深 d=1.2m；
② 当基础底面为 9.0m×42m 的箱形基础，埋深 d=4.2m。

5. 某建筑物承受中心荷载的柱下独立基础底面尺寸为 3.5m×1.8m，埋深 d=1.8m；地基土为粉土，土的物理力学性质指标：$\gamma = 17.8 \text{kN/m}^3$，$C_k = 2.5 \text{kPa}$，$\phi_k = 30°$，试确定持力层的地基承载力特征值。

第 7 章

土压力理论

知识要点	掌握程度	相关知识
土压力种类	(1) 掌握常见的几种挡土结构物 (2) 掌握土压力与挡土结构物位移的关系	挡土结构物分类
土压力计算	(1) 掌握静止土压力的计算方法 (2) 掌握 Rankine 土压力理论 (3) 掌握 Coulomb 土压力理论	(1) Coulomb 土压力理论 (2) Rankine 土压力理论 (3) 极限平衡理论
挡土墙设计	掌握挡土墙上土压力的计算	挡土墙的设计计算

技能要点

技能要点	掌握程度	应用方向
岩土工程中土压力计算	掌握土压力计算中的参数的取值	岩土工程中挡土结构设计与施工

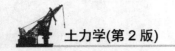

 **基本概念**

静止土压力、主动土压力、被动土压力、Rankine 理论、Coulomb 理论

 引例

在 1773 年，法国的 C.A.库伦(Coulomb)根据试验创立了著名的砂土抗剪强度公式。提出了计算挡土墙土压力的滑楔理论。

库伦土压力理论至今在岩土工程设计计算中发挥着重大作用。这一理论来自于库伦"铁路时代"的工程实践，而其理论概念明确、思路清晰，表现出库伦的良好的工程师素质和理论素养。

同样，90 多年后，英国的 W. 朗肯(Rankine, 1869)又从另一途径提出了挡土墙土压力理论。这对后来土体强度理论的发展起了很大的作用。由此可见，深厚的力学基础知识的培养，是我们成为一个合格的土木工程师的必要条件。

7.1 挡土结构与土压力种类

土体作用在挡土墙、板桩墙、桥台等挡土结构物上的侧压力，称为土压力。

影响因素：挡土结构物的形式、刚度、表面粗糙度、位移方向、墙后土体的地表形态、土的物理力学性质、地基的刚度以及墙后填土的施工方法等。

按挡土结构相对墙后土体的位移方向(平动或转动)，可分为三类土压力。

无位移：静止土压力，k_0 状态。如地下室外墙，其总压力和分布力分别用 E_0 和 σ_0 表示。

离开土体的位移：主动土压力，挡土墙，其总压力和分布力分别用 E_a、σ_a 表示。

对着土体位移：被动土压力，如在基坑中向土中顶入地下结构的反力墙、基坑中承受支撑的钢板桩等。其总压力和分布力分别用 E_p、σ_p 表示。

由于 E_a 与 E_p 都是两种极限平衡状态，因此其大小关系如图 7.1 所示。即

$$E_a < E_0 < E_p \tag{7-1}$$

　　工程上实际挡土结构的位移均难以控制与计算，其土压力值一般均位于这三种特殊土压力之间。

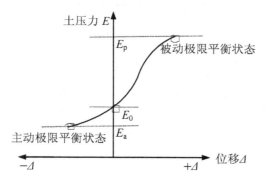

图 7.1　土压力种类示意图

7.2　静止土压力计算

　　静止土压力处于 k_0 状态，即挡土结构物墙背离墙顶 z 处的应力状态为

$$\sigma_z = \gamma z, \quad \sigma_h = k_0 \gamma z \tag{7-2}$$

其沿墙背的静止土压力分布力为，如图 7.2 所示

$$\sigma_0 = k_0 \gamma z \tag{7-3}$$

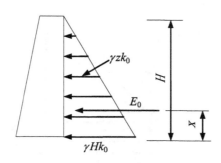

图 7.2　静止土压力分布示意图

式中，侧压力系数 k_0 称为静止土压力系数。它可由土的泊松比求出，也可取

$$k_0 = 1 - \sin\phi \tag{7-4}$$

其值大小约为

$$k_0 = 0.20 \sim 0.40 \text{(砂土)}$$
$$k_0 = 0.40 \sim 0.80 \text{(粘性土)}$$

墙背合力

$$E_0 = \frac{1}{2}\gamma H^2 k_0 \text{ (kN/m)} \tag{7-5}$$

作用点离墙底距离 $X = \dfrac{1}{3}H$。

7.3 朗肯土压力理论

1. 假定

挡土结构墙背垂直、光滑、挡土结构物刚性、挡土结构物墙后填土为均质刚塑性半无限体、挡土结构物墙后填土面水平、墙高 H 以下的土体状态及位移与其上的一致。

朗肯(Rankine)主动极限状态 $\sigma_z = \gamma z = \sigma_1$, $\sigma_x = \sigma_a = \sigma_3$

朗肯被动极限状态 $\sigma_z = \gamma z = \sigma_3$, $\sigma_x = \sigma_p = \sigma_1$

2. 主动土压力

1) 粘性土

由极限平衡条件，得

$$\sigma_a = \sigma_3 = \gamma z \tan^2\left(45° - \frac{\phi}{2}\right) - 2C\tan\left(45° - \frac{\phi}{2}\right)$$

令 $K_a = \tan^2\left(45° - \dfrac{\phi}{2}\right)$，称为主动土压力系数，则有

$$\sigma_a = \gamma z K_a - 2C\sqrt{K_a} \tag{7-6}$$

其分布力如图 7.3 所示在 z_0 深度范围以内，主动土压力为负值，表示当墙离开墙后填土时，受到填土的拉力，而土是不能受拉的，因此，认为在此范围内土压力为零。可由下式求出 z_0。

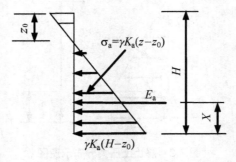

图 7.3 主动土压力分布示意图

$$\gamma z_0 K_a - 2C\sqrt{K_a} = 0$$
$$z_0 = \frac{2C}{\gamma\sqrt{K_a}} \tag{7-7}$$

其合力为

$$E_a = \int_{z_0}^{H} \sigma_a \mathrm{d}z = \int_{z_0}^{H} (\gamma z K_a - 2C\sqrt{K_a})\mathrm{d}z$$

整理后可写为

$$E_a = \frac{1}{2}\gamma K_a H^2 - 2C\sqrt{K_a}H + \frac{2C^2}{\gamma} \text{(kN/m)} \tag{7-8}$$

作用点离墙底的距离

$$X = \frac{1}{3}(H - z_0) \tag{7-9}$$

2) 无粘性土

$$\sigma_a = \sigma_3 = \gamma z \tan^2\left(45° - \frac{\phi}{2}\right)$$

即

$$\sigma_a = \gamma z K_a \tag{7-10}$$

其合力

$$E_a = \frac{1}{2}\gamma K_a H^2 \text{ (kN/m)} \tag{7-11}$$

距离墙底

$$X = \frac{1}{3}H$$

3. 被动土压力

1) 粘性土

由极限平衡条件，有

$$\sigma_p = \sigma_1, \ \sigma_3 = \gamma z$$

$$\sigma_p = \gamma z \tan^2\left(45° + \frac{\phi}{2}\right) + 2C\tan\left(45° + \frac{\phi}{2}\right)$$

令 $K_p = \tan^2\left(45° + \frac{\phi}{2}\right)$，称为被动土压力系数，则有

$$\sigma_p = \gamma z K_p + 2C\sqrt{K_p} \tag{7-12}$$

其土压力分布如图 7.4 所示。其合力

$$E_p = \frac{1}{2}\gamma H^2 K_p + 2CH\sqrt{K_p} \text{ (kN/m)} \tag{7-13}$$

合力作用点可由矩形图与三角形图分别对墙底取矩求得，即

$$E_{p1}\frac{H}{2} + E_{p2}\frac{H}{3} = E_p C$$

$$X = \frac{CH + \frac{\gamma H^2}{6}\sqrt{K_p}}{2C + \frac{\gamma H}{2}\sqrt{K_p}} \tag{7-14}$$

2) 无粘性土

$$E_p = \frac{1}{2}\gamma H^2 K_p \tag{7-15}$$

$$X = \frac{1}{3}H \tag{7-16}$$

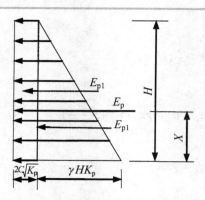

图 7.4　被动土压力分布示意图

4. 朗肯理论的推广

从上述理论的推导过程可见，朗肯理论要求挡土结构墙背垂直、光滑、挡土结构物刚性、挡土结构物墙后填土为均质刚塑性半无限体、挡土结构物墙后填土面水平、墙高 H 以下的土体状态及位移与其上的一致。但工程实际中的土层是有地下水的，土是成层的。一般在填土面上还有施工荷载。根据上述假定，朗肯理论是不适用的。但是，运用从墙后填土的某一点直接用极限平衡方程求解的方法，我们可以直接考虑这些问题。但这一概念与朗肯的假定条件是有区别的，下面通过算例来说明上面这些问题。

【例 7.1】　某挡土墙墙背垂直、光滑，填土面水平，墙高 6m，墙后填土为同一类土，地下水位在离墙顶 2m 处，如图 7.5 所示，求作用在墙背上的总水平压力。

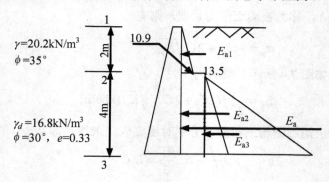

图 7.5　例 7.1 示意图

【解】

$$K_{a1} = \tan^2 \left(45° - \frac{35°}{2}\right) = 0.271$$

$$K_{a2} = \tan^2 \left(45° - \frac{30°}{2}\right) = 0.333$$

$$\gamma = \gamma_d - \frac{\gamma_w}{1+e} = 16.8 - \frac{10}{1+0.33} = 9.3 \text{kN/m}^3$$

$$\sigma_{a1} = 0$$

$$\sigma_{a2\perp} = 20.2 \times 2 \times 0.271 = 10.9 \text{kPa}$$

$$\sigma_{a2\top} = 20.2 \times 2 \times 0.333 = 13.5 \text{kPa}$$

$$\sigma_{a3} = (20.2 \times 2 + 9.3 \times 4) \times 0.333 = 25.8 \text{kPa}$$

$$\sigma_{w3} = 10 \times 4 = 40 \text{kPa}$$

$$E_{a1} = \frac{1}{2} \times 2 \times 10.9 = 10.9 \text{kN/m}$$

$$E_{a2} = 13.5 \times 4 = 54.0 \text{kN/m}$$

$$E_{a3} = \frac{1}{2} \times 4 \times (25.8 - 13.5) = 24.6 \text{kN/m}$$

$$E_w = \frac{1}{2} \times 4 \times 40 = 80.0 \text{kN/m}$$

$$E = E_a + E_w = (10.9 + 54.0 + 24.6) + 80.0 = 169.5 \text{kN/m}$$

合力作用点由下式求出

$$10.9 \times (\frac{1}{3} \times 2 + 4) + 54.0 \times 2 + 24.6 \times 4/3 + 80.0 \times 4/3 = 169.5X$$

$$X = 1.76 \text{m}$$

　　工程上，当考虑墙后地下水难以排干，或山洪爆发使得墙上泄水孔堵塞时常做这样的验算。但这决不意味着墙身可不设泄水孔，因为墙后地基经长期水泡将使其强度降低，产生破坏，这一现象在工程实际中屡见不鲜。

【例 7.2】　某挡土墙墙背垂直、光滑，墙高 7m，填土面水平。填土表面作用有大面积均布荷载 q=15kPa，地下水位处于第三层土顶面，如图 7.6 所示。试求墙背总土压力与水压力。

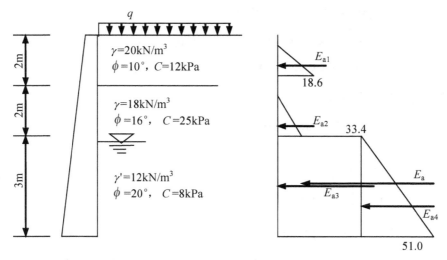

图 7.6　例 7.2 示意图

【解】

(1) 其条件符合朗肯假定，各层土的主动土压力系数可算得为

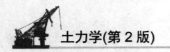

$$K_{a1} = \tan^2(45° - 10°/2) = 0.704$$
$$K_{a2} = \tan^2(45° - 16°/2) = 0.568$$
$$K_{a3} = \tan^2(45° - 20°/2) = 0.490$$

(2) 在开裂深度处小主应力(主动土压力)为零，即
$$0 = (15 + 20 \times z_{01}) \times 0.704 - 2 \times 12\sqrt{0.704}$$
$$z_{01} = \frac{2 \times 12}{20 \times \sqrt{0.704}} - \frac{15}{20} = 0.68 \text{ m}$$

在第二层土顶面，可算出主动土压力仍然为负值，故
$$0 = (15 + 20 \times 2 + 18 \times z_{02}) \times 0.568 - 2 \times 25\sqrt{0.568}$$
$$z_{02} = \frac{2 \times 25}{18 \times \sqrt{0.568}} - \frac{15 + 20 \times 2}{18} = 0.63 \text{m}$$
$$\sigma_{aB\pm} = (15 + 20 \times 2) \times 0.704 - 2 \times 12 \times \sqrt{0.704} = 18.6 \text{kPa}$$
$$\sigma_{aC\pm} = (15 + 20 \times 2 + 18 \times 2) \times 0.568 - 2 \times 25 \times \sqrt{0.568} = 14.0 \text{kPa}$$
$$\sigma_{aC\mp} = (15 + 20 \times 2 + 18 \times 2) \times 0.490 - 2 \times 8 \times \sqrt{0.490} = 33.4 \text{kPa}$$
$$\sigma_{aD} = (15 + 20 \times 2 + 18 \times 2 + 12 \times 3) \times 0.490 - 2 \times 8 \times \sqrt{0.490} = 51.0 \text{kPa}$$

主动土压力合力
$$E_{a1} = \frac{1}{2} \times (2 - 0.68) \times 18.6 = 12.28 \text{kN/m}$$
$$E_{a2} = \frac{1}{2} \times (2 - 0.63) \times 14.0 = 9.59 \text{kN/m}$$
$$E_{a3} = 3 \times 33.4 = 100.2 \text{kN/m}$$
$$E_{a4} = \frac{1}{2} \times 3 \times (51.0 - 33.4) = 26.4 \text{kN/m}$$
$$E_a = 12.28 + 9.59 + 100.2 + 26.4 = 148.47 \text{kN/m}$$

主动土压力合力作用点
$$X_1 = \frac{1}{3}(2 - 0.68) + 2 + 3 = 5.44 \text{m}$$
$$X_2 = \frac{1}{3}(2 - 0.63) + 3 = 3.46 \text{m}$$
$$X_3 = \frac{1}{2} \times 3 = 1.5 \text{m}$$
$$X_4 = \frac{1}{3} \times 3 = 1.0 \text{m}$$
$$X = (12.28 \times 5.44 + 9.59 \times 3.46 + 100.2 \times 1.5 + 26.4 \times 1.0)/148.47 = 1.86 \text{m}$$

总水压力
$$P_w = \frac{1}{2} \times 10 \times 3^2 = 45 \text{kN/m}$$

7.4 库伦土压力理论

朗肯(Rankine)理论虽然概念清晰、简单,应用也方便,但是它的应用条件也非常苛刻。工程上很难满足其假设条件。因此,我们在工程实践中要继续了解库伦(Coulomb)土压力理论以及我国规范方法。

7.4.1 库伦土压力理论简介

库伦(Coulomb)在 1776 年(铁路时代)总结了大量的工程实践经验后,根据挡土墙的具体情况,提出了较为符合当时实际情况的土压力计算理论。虽然这一方法的计算结果,其被动土压力计算值与实际情况相差较大,但这一方法对于挡土墙的设计计算具有较好的实用性。库伦理论所要求的条件,也比朗肯理论更为符合实际情况。

1. 假定条件

墙后填土是理想的散体($c=0$),滑动破坏面为一平面,挡土墙刚性。

2. 求解方法

对于如图 7.7 所示挡土墙,已知墙背倾斜角为 α,填土面倾斜角为 β,若挡土墙在填土压力作用下背离填土向外移动,当墙后土体达到主动极限平衡状态时,土体中将产生滑动面 AB 及 BC。通过取此滑动体 ABC 作为脱离体,求出不同的滑动面 BC 所对应的滑动体对墙背的作用力的极值,即为要求的主动土压力 E_a。

同样地,也可用此方法求出被动土压力 E_p。

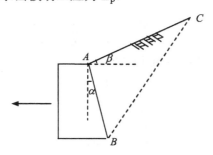

图 7.7 库伦土压力理论示意图

7.4.2 主动土压力

沿挡土墙长度方向取一单位长度的墙进行分析,当土压力作用迫使墙体向前位移或绕墙前趾转动,当位移或转动达到一定数值,墙后土体达到极限平衡状态,产生滑动面 BC,滑动土体 ABC 有下滑的趋势。取土体 ABC 作为脱离体,它所受重力 W、滑动面上的作用力及挡土墙对它的作用力的方向如图 7.8 所示。墙对它的作用力就是主动土压力的反作用力。在极限平衡状态,三个力组成封闭三角形。

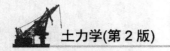

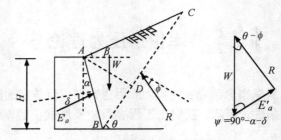

图 7.8 库伦主动土压力理论

δ 为墙背与土的摩擦角,称为外摩擦角。ϕ 为土的内摩擦角。

滑动土体 ABC 的重量

$$W = \gamma \times \frac{1}{2} BC \times AD$$

由正弦定律知

$$BC = AB \times \frac{\sin(90^\circ - \alpha + \beta)}{\sin(\theta - \beta)}$$

即

$$BC = \frac{H}{\cos\alpha} \frac{\sin(90^\circ - \alpha + \beta)}{\sin(\theta - \beta)}$$

$$= \frac{H\cos(\alpha - \beta)}{\cos\alpha \sin(\theta - \beta)}$$

在直角三角形 $\triangle ADB$ 中

$$AD = AB \times \cos(\theta - \alpha) = H\frac{\cos(\theta - \alpha)}{\cos\alpha}$$

于是

$$W = \frac{\gamma H^2}{2} \frac{\cos(\alpha - \beta)\cos(\theta - \alpha)}{\cos^2\alpha \sin(\theta - \beta)}$$

在力封闭三角形中,E_a 与 W 的关系由正弦定律给出

$$E_a = W\frac{\sin(\theta - \phi)}{\sin[180^\circ - (\theta - \phi + \psi)]}$$

$$= W\frac{\sin(\theta - \phi)}{\sin(\theta - \phi + \psi)}$$

将 W 的表达式代入上式,得

$$E_a = \frac{\gamma H^2}{2} \frac{\cos(\alpha - \beta)\cos(\theta - \alpha)\sin(\theta - \phi)}{\cos^2\alpha \sin(\theta - \beta)\sin(\theta - \phi + \psi)}$$

显然,上式中对不同的 θ 角有不同的土压力表达式,令 $\dfrac{\mathrm{d}E_a}{\mathrm{d}\theta} = 0$,求出 θ_{cr},它所对应的 E_a 极大值即为所求。

$$E_a = \frac{\gamma H^2}{2} \frac{\cos^2(\phi - \alpha)}{\cos^2\alpha \cos(\alpha + \delta)\left[1 + \sqrt{\dfrac{\sin(\phi + \delta)\sin(\phi - \beta)}{\cos(\alpha + \delta)\cos(\alpha - \beta)}}\right]^2}$$

即

$$E_a = \frac{\gamma H^2}{2} K_a$$

式中 K_a 为库伦主动土压力系数。

若 $\alpha = \beta = \delta = 0$，即墙背垂直、填土面水平和墙背光滑，则不难证明上式与朗肯理论完全一致。

库伦土压力强度

$$\sigma_a = \frac{\mathrm{d}E_a}{\mathrm{d}z} = \gamma z\, K_a$$

其作用方向与墙背法线夹角为 δ，作用点距墙底 $H/3$，如图 7.9 所示。

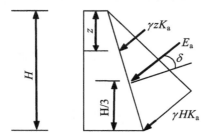

图 7.9　库伦主动土压力分布

7.4.3　被动土压力

挡土结构物前面受到推力，迫使挡土结构压向填土。当其位移或转角达到一定数值时，墙后土体将产生滑动面 BC，土体 ABC 在墙推力作用下将沿 BC 面向上滑动。此时，运用类似求主动土压力的方法，也可求出墙背倾斜、粗糙、墙后填土为无粘性土、填土表面倾斜的挡土结构上的被动土压力 E_p 值。

库伦被动土压力状态如图 7.10 所示，在力封闭三角形中运用正弦定律，得

$$E_p = W \frac{\sin(\theta + \phi)}{\sin(180° - \theta - \phi - \psi)}$$

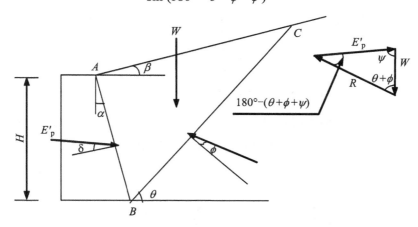

图 7.10　库伦被动土压力理论

令 $\dfrac{\mathrm{d}E_\mathrm{p}}{\mathrm{d}\theta}=0$ ，同样可求得被动土压力的极小值，即为所求

$$E_\mathrm{p} = \frac{1}{2}\gamma H^2 \frac{\cos^2(\phi+\alpha)}{\cos^2\alpha\cos(\alpha-\delta)\left[1-\sqrt{\dfrac{\sin(\phi+\delta)\sin(\phi+\beta)}{\cos(\alpha-\delta)\cos(\alpha-\beta)}}\right]^2}$$

$$= \frac{\gamma H^2}{2}K_\mathrm{p}$$

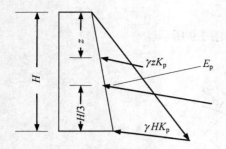

图 7.11　库伦被动土压力分布

式中 K_p 即为库伦被动土压力系数。其土压力分布如图 7.11 所示。

若 $\alpha=\beta=\delta=0$ ，则上式可简化为

$$E_\mathrm{p} = \frac{\gamma H^2}{2}\tan^2\left(45°+\frac{\phi}{2}\right)$$

与朗肯公式一致。沿墙背被动土压力强度为

$$\sigma_\mathrm{p} = \frac{\mathrm{d}E_\mathrm{p}}{\mathrm{d}z} = \gamma z K_\mathrm{p}$$

呈三角形分布，合力与墙背法线成夹角 δ ，作用点距墙底 $H/3$ 处。

7.5　土压力计算中的工程问题

库伦理论假定滑动面为平面，而实际的滑动面为一曲面，因而导致 $E_{\mathrm{p}计}>E_{\mathrm{p}实}$ ， $E_{\mathrm{a}计}<E_{\mathrm{a}实}$ ；而朗肯理论则由于假定墙背光滑，使得 $E_{\mathrm{p}计}<E_{\mathrm{p}实}$ ， $E_{\mathrm{a}计}>E_{\mathrm{a}实}$ 。

库伦理论几乎不能计算粘性土的情况，等值内摩擦角法误差也较大。

墙背外摩擦角的取值直接影响到土压力的大小，其经验数值约为

墙背平滑、排水不良　　　　$\delta=(0\sim\frac{1}{3})\phi$

墙背粗糙、排水良好　　　　$\delta=(\frac{1}{3}\sim\frac{1}{2})\phi$

墙背很粗糙、排水良好　　　$\delta=(\frac{1}{2}\sim\frac{2}{3})\phi$

墙背与填土间不可能滑动时　$\delta=(\frac{2}{3}\sim1)\phi$

【例 7.3】　某重力式挡土墙墙高 4m， $\alpha=\beta=0$ ，粉质粘土作填料，要求 $\gamma_\mathrm{d}\geqslant16.5\mathrm{kN/m}^3$ ，相当于 $\gamma=19\mathrm{kN/m}^3$ ， $c=10\mathrm{kPa}$ ， $\phi=15°$ ，求土压力大小。

【解】

(1) 朗肯理论。

$$K_\mathrm{a}=\tan^2\left(45°-\frac{15°}{2}\right)=0.59 \qquad z_0=\frac{2\times10}{19\sqrt{0.59}}=1.37\mathrm{m}$$

$$E_a = \frac{1}{2} \times (19 \times 4 \times 0.59 - 2 \times 10\sqrt{0.59}) \times (4 - 1.37) = 38.8 \text{kN/m}$$

(2) 库伦理论。

取 $\phi = 35°$，$\delta = \phi/2 = 17.5°$，则

$$K_a = \frac{\cos^2 35°}{\cos 17.5° \left[1 + \sqrt{\dfrac{\sin(35° + 17.5°)\sin 35°}{\cos 17.5°}} \right]^2} = 0.25$$

$$E_a = \frac{1}{2} \times 19 \times 4^2 \times 0.25 = 38 \text{kN/m}$$

取 $\phi = 30°$，$\delta = \phi/2 = 15°$，则

$$K_a = 0.30$$

$$E_a = \frac{1}{2} \times 19 \times 4^2 \times 0.30 = 45.6 \text{ kN/m}$$

ϕ 减小，则 E_a 增大。

(3) 按规范 GB 50007—2011 方法计算。

按粉质粘土查表，得

$$K_a = 0.24$$

$$E_a = \frac{1}{2} \times 19 \times 4^2 \times 0.24 = 36.5 \text{ kN/m}$$

本 章 小 结

通过本章学习，重点掌握各种工程中的土压力种类，熟练掌握朗肯土压力理论、库伦土压力理论和我国规范公式。为了今后能较好地解决岩土工程实际工作中所遇到的大量的诸如挡土结构设计计算和基坑开挖及支护中的土压力问题，本章从工程实际需要考虑出发，重点介绍了土压力计算的基础知识。本章主要在于了解各种土压力的形成条件、理论概念及现有的各种土压力理论的假定条件与工程实际情况所存在的差距。

习 题

1. 某挡土墙墙高 H，如图 7.12 所示，填土面水平，墙背倾角为 α，试用朗肯理论证明作用在该挡土墙背上的总土压力近似为 $P_a = \frac{1}{2} \dfrac{\gamma H^2}{\cos \alpha} \sqrt{\sin^2 \alpha + K^2 a^2 \cos^2 \alpha}$，其与水平面的夹角为 $\tan \beta = \dfrac{\tan \alpha}{K_a}$。并说明该结果与库伦理论是否完全相同。

2. 某挡土墙墙背垂直、光滑，填土面水平、土层如图 7.13 所示，试求墙背土压力分布。

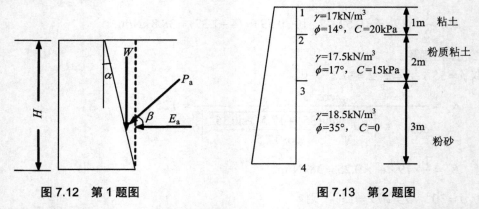

图 7.12　第 1 题图　　　　　　　　图 7.13　第 2 题图

3. 某挡土墙墙高 H=6m，墙背垂直、光滑，填土面水平并作用有连续的均布荷载 q=15kPa，墙后填土为两层，其物理力学性质指标如图 7.14 所示，试计算墙背所受土压力。

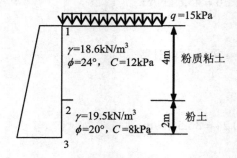

图 7.14　第 3 题图

4. 某工程需要将管道顶入土中，如图 7.15 所示，钢板高 3m，宽 2m，求：①该工程中的钢板所能提供的最大反力；②如不考虑工艺要求，管道的最佳高度是多少？③如果按照既有工程经验实际顶入管道需要 400kN，你应该采取什么措施？

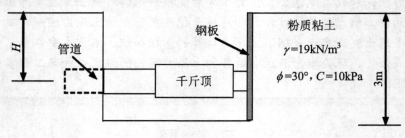

图 7.15　第 4 题图

第 *8* 章

边坡稳定分析

知识要点	掌握程度	相关知识
边坡的类型	(1) 掌握岩质边坡的滑动特点 (2) 掌握土质边坡的滑动特点	(1) 地质结构面(断层、节理) (2) 圆弧滑动面
边坡稳定分析理论	(1) 掌握费伦纽斯法 (2) 掌握毕晓普法 (3) 掌握简布法 (4) 了解不平衡推力传递法	(1) 条分法 (2) 普遍条分法
边坡处理的工程设计与施工	(1) 掌握锚杆技术 (2) 掌握抗滑桩技术	(1) 滑坡推力计算 (2) 滑坡稳定安全系数

技能要点

技能要点	掌握程度	应用方向
边坡的工程处理技术	掌握边坡工程处理中的锚杆技术	岩土工程建设中的滑坡工程处理

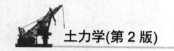
 **基本概念**

边坡工程、滑坡推力、条分法、理正岩土软件

 引例

边坡稳定分析是岩土工程实践和研究领域的主要课题之一。边坡按其材料组成分为岩质边坡、土质边坡和过渡型边坡。岩质边坡的稳定性主要受结构面控制，常采用楔体分析法。土质边坡又简称土坡，又可分为砂性土边坡和粘性土边坡，砂性土边坡分析起来简单，而粘性土边坡相对较为复杂。土坡工程中常采用极限平衡法，所谓过渡型边坡是指岩石和土混杂，可能土层下卧岩层等情况存在，这种情况分析起来也较复杂。

1989年1月8日某边坡发生滑坡，该边坡坡高103m，由于其地质条件有不利的结构面，其流纹岩中有强风化的密集节理和一个小型不连续面，造成严重灾难。由于这一事故，导致其附近的电站厂房比原计划推迟一年，修复时安装了大量预应力锚索，大大地增加了工程投资。希望通过本章的学习，能使学生对边坡处理技术、对理正等岩土工程软件产生兴趣。

8.1 概　　述

任何材料当所受到的应力或应变达到一定值时，将会产生屈服或破坏。土体是一种由固、液、气组合的散体材料，在受到外界因素的影响下，会产生拉破坏或剪切破坏。由于土体是一种不抗拉材料，在受到拉应力后会发生开裂，而这种开裂导致土体颗粒重新组合，形成新的"连续性"土体。土体的破坏是从局部的拉裂或剪切开始，最后形成连续的剪切面，一般情况下认为在边坡稳定分析中按剪切破坏形式来判别边坡是否稳定。

边坡稳定分析是岩土工程实践和研究领域的主要课题之一。边坡按其材料组成分为岩质边坡、土质边坡和过渡型边坡。岩质边坡的稳定性主要受结构面控制，常采用楔体分析法。土质边坡又简称土坡，又可分为砂性土边坡和粘性土边坡，砂性土边坡分析起来简单，而粘性土边坡相对较为复杂。土坡工程中常采用极限平衡法，所谓过渡型边坡是指岩石和土混杂，可能土层下卧岩层等情况存在，这种分析起来也较复杂。

本章主要讲述土坡，不讨论岩质边坡。土坡按其形成的原因有天然土坡和人工土坡，前者是在自然应力的作用下形成的，若无其他外部扰动基本保持稳定，形成时间相对较长。人工土坡则是通过填方或挖方形成的，时间相对较短，一般来说需要分析其稳定性。对于一简单土质边坡来说，其主要组成要素如图 8.1 所示。

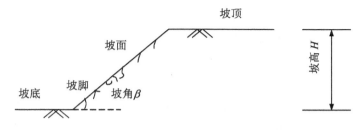

图 8.1　边坡组成要素

造成边坡失稳的主要原因包括边坡设计参数的失误(坡过陡、坡角过大)、坡顶超载、渗流及坡脚受到切割。目前判别边坡稳定的方法主要有超载法和折减法。超载法实际上是加大推力，但传统的推力是竖向施加，在增加下滑力的同时也增加了抗滑力，造成力学概念不明确。而强度折减法则是通过降低土体的强度参数从而使边坡达到极限平衡，力学概念明确，在实际工程中使用广泛。毕晓普(Bishop)关于边坡稳定安全系数的定义正好反映了这一点。即将强度参数 C 和 ϕ 进行如下方式的折减：C/K，$\tan\phi/K$，其中 K 为安全系数。对于土质边坡稳定分析来说，常见的边坡为粘性土边坡，这也是本章的主要研究对象。在边坡稳定分析中，主要分析方法有基于上限分析的稳定因数图解法和条分法。

8.2　粘性土边坡的滑动模式

在进行边坡稳定分析之前，需要确定边坡的滑动模式。土坡的滑动模式有多种，根据滑动的诱因，可分为推动式滑坡和牵引式滑坡。推动式滑坡是由于坡顶超载或地震等因素导致下滑力大于抗滑力而失稳。牵引式滑坡主要是因为坡脚受到切割导致抗滑力减小而破坏。按滑动面的类型可分为圆弧型滑动、折线滑动、组合滑动，滑动面类型与土层的强度参数、土层分布和外界条件等因素有关，如图 8.2 所示。

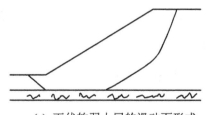
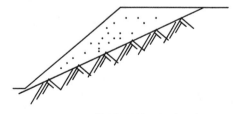

(a) 下伏软弱土层的滑动面形式　　　　(b) 下伏硬层的滑动面形式

图 8.2　粘性土边坡的滑动

对于砂性土边坡，稳定分析较为简单，其滑动模式一般为平面破坏，如图 8.3 所示。

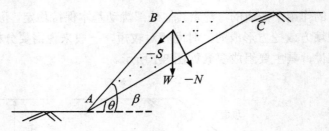

图 8.3　砂性土边坡稳定分析

取单位长度土坡，按平面应变问题考虑，滑动体的重力 W 已知，作用在滑动体上的支撑力已知，$N = W\cos\theta$，作用在滑动面上的平均正应力 $\sigma = \dfrac{N}{AC} = \dfrac{W\cos\alpha}{AC}$。重力 W 对应的下滑分力已知，$S = W\sin\alpha$，剪应力 $\tau = \dfrac{S}{AC} = \dfrac{W\sin\alpha}{AC}$。

边坡稳定安全系数：$K = \dfrac{\tau_f}{\tau} = \dfrac{\sigma\tan\phi}{\tau} = \dfrac{\tan\phi}{\tan\theta}$。

显然，当 $\theta = \beta$ 时，安全系数 K 最小，即稳定安全系数 $K = \dfrac{\tan\phi}{\tan\beta}$。

对于粘性土边坡，当土性特殊(如为膨胀土等)或下卧硬层时，可能出现类似砂性土边坡的楔体破坏类型，此时可按砂性土边坡破坏模式进行分析，如图 8.4 所示。

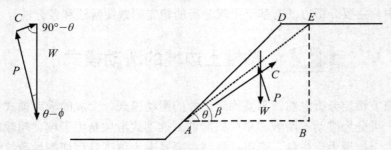

图 8.4　粘性土边坡滑动受力分析

将滑动看作平面应变模式，边坡倾角为 β，设滑动面为 AE，其倾角为 θ，ACD 即滑动体，其高度为 H，滑面 AE 长 L，受力情况如图 8.4 所示。

土层的重度 γ，抗剪强度参数 C，ϕ 已知，设滑动体 ACD 的重量为 W，经过几何变换可得：$W = \dfrac{1}{2}\gamma HL\csc\beta\sin(\beta - \theta)$，$AE$ 面上粘聚力引起的抗滑力为 $C = cL$。

土楔上受到的力有法向反力和摩擦力分量的合力 P、粘聚力 C、重力 W，3 个力组成平衡力三角形，由正弦定理可得

$$\frac{W}{\sin[180° - (90° - \theta + \theta - \phi)]} = \frac{cL}{\sin(\theta - \phi)}$$

从而可得出临界高度

$$H = \frac{c}{\gamma}\frac{2\sin\beta\cos\phi}{\sin(\beta - \theta)\sin(\theta - \phi)} = \frac{c}{\gamma}N_s \tag{8-1}$$

令 $\dfrac{\mathrm{d}N_{\mathrm{s}}}{\mathrm{d}\theta}=0$ ，求得 θ 可得到最危险滑动面所对应的 N_{s} ，

$$\theta = \frac{\beta+\phi}{2}$$

$$N_{\mathrm{s}}\min = \frac{4\sin\beta\cos\phi}{1-\cos(\beta-\phi)} \tag{8-2}$$

可得土坡的临界高度为

$$H_{\mathrm{cr}} = \frac{c}{\gamma}N_{\mathrm{s}}\min \tag{8-3}$$

对于均质粘性土简单土坡(即土坡上下两个面水平，坡面为平面)来说，滑动面接近于圆弧形。圆弧滑动面形式有三种。

(1) 坡脚圆，圆弧滑动面通过坡脚。

(2) 坡面圆，圆弧滑动面通过坡面某一点。

(3) 中点圆，圆弧滑动面通过坡脚以外的某一点，且圆心位于坡面的竖直中线上。

上述三种圆的形成与坡角 β，土强度指标，土中硬层等因素有关，如图 8.5 所示。

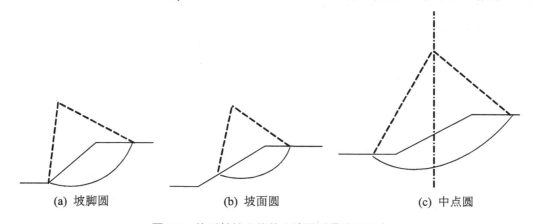

(a) 坡脚圆   (b) 坡面圆   (c) 中点圆

图 8.5 均质粘性土简单土坡圆弧滑动面形式

8.3 边坡稳定分析的费伦纽斯法

费伦纽斯(Fellenius)法是边坡稳定分析条分法中的最简单的一种方法，由于此法最先在瑞典使用，又称为瑞典条分法。该方法首先由彼特森(K.E.Petterson)提出，而后费伦纽斯、泰勒(Taylor D.W)进一步发展了这种方法。

费伦纽斯法是针对平面(应变)问题，假定滑动面为圆弧面(从空间观点来看为圆柱面)。根据实际观察，对于比较均质的土质边坡，其滑裂面近似为圆弧面，因此费伦纽斯法可以较好地解决这类问题。一般来说，条分法在实际计算中要作一定的假设，其具体假设如下。

(1) 假定问题为平面应变问题。

(2) 假定危险滑动面(即剪切面)为圆弧面。

(3) 假定抗剪强度全部得到发挥。

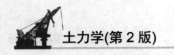

(4) 不考虑各分条之间的作用力。

费伦纽斯法采用力矩平衡的方法，即安全系数 K，可用下式表示。

$$K = \frac{M_r}{M_s}$$

其中， M_r——剪切面所能提供的抗滑力矩；

M_s——滑动力矩，滑动中心为圆弧面的圆心。

在计算之前将土坡滑动部分划分为若干土条，一般来说划分 8 根土条即可满足计算精度要求，考虑简单受力情况，作用在第 $i(i=1, 2, \cdots, n)$ 根土条上的力有重力 W_i，土条底面的支撑力 N_i，剪切力 S_i，如图 8.6 所示。在后面讲述的普遍条分法中，除了前述这些力之外，还有作用在土条侧面的剪切力 T_i 和推力 E_i。

根据力平衡条件，可得 $N_i = W_i \cos \alpha_i$， $S_i = W_i \sin \alpha_i$。

于是滑动面上的抗剪强度为

$$\tau_{fi} = \sigma_i \tan \phi_i + C_i = \frac{1}{l_i}(N_i \tan \phi_i + C_i l_i) = \frac{1}{l_i}(W_i \cos \alpha_i \tan \phi_i + C_i l_i)$$

其中， l_i 为土条底面的长度， $l_i = b_i / \cos \alpha_i$。

可得抗滑力矩

$$M_{ri} = \tau_{fi} l_i R = (W_i \cos \alpha_i \tan \phi_i + C_i l_i) R$$

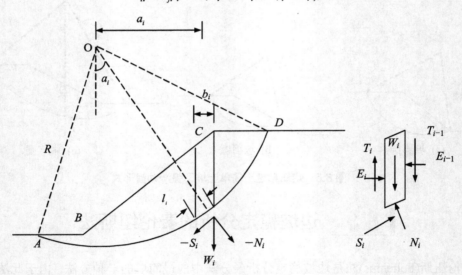

图 8.6　土条受力情况

滑动力矩

$$M_{si} = T_i R = W_i \sin \alpha_i R = W_i x$$

土坡安全系数

$$K = \frac{\sum M_{ri}}{\sum M_{si}} = \frac{\sum (W_i \cos \alpha_i \tan \phi_i + C_i l_i)}{\sum W_i \sin \alpha_i} \tag{8-4}$$

由此可见，在最后的计算公式中，圆弧滑动面半径被约掉。

对于均质土坡有

$$K = \frac{\tan\phi \sum W_i \cos\alpha_i + CL}{\sum W_i \sin\alpha_i}$$

式中，L为滑动面长度。

费伦纽斯法在计算时首先需要确定滑动面，然后确定滑动体，接着对滑动体进行条分。对每根分条按所处土层计算其重量W_i，土条底面倾角α_i，土条底面长度l_i，根据土条底面所在土层确定其强度参数指标，最后利用计算公式计算安全系数，由于事先不知道危险滑动面的位置(实际上这也是边坡稳定分析的关键问题)，需要试算多个滑动面。

【例 8.1】 某土坡如图所示，已知土坡高度H=10m，坡角$\beta=40°$，土的物理力学参数：重度γ=17.8kN/m³，粘聚力C=21.2kPa，内摩擦角$\phi=10°$，试用费伦纽斯法确定土的安全系数。

根据泰勒的经验方法(关于该方法，可参考高大钊等编的《土质学与土力学》，人民交通出版社，2001)确定危险滑动面圆心位置，当$\phi=10°$，$\beta=40°$时，可得$\phi=33°$，$\theta=41°$，经计算可得安全系数为1.139，计算过程见表8-1。

表8-1 费伦纽斯条分法计算结果(从右到左编号)

土条编号	土条底面长度 l_i/m	土条重力 W_i/kN	底面倾角 α_i/(°)	$W_i \sin\alpha_i$	$W_i \cos\alpha_i$
1	3.812	47.785	66.172	43.712	19.305
2	2.564	123.666	53.088	98.878	74.272
3	2.122	162.096	43.483	111.543	117.614
4	1.886	162.822	35.269	94.017	132.936
5	1.741	153.476	27.838	71.669	135.715
6	1.648	137.261	20.894	48.953	128.235
7	1.589	115.266	14.263	28.399	111.713
8	1.554	88.115	7.825	11.996	87.294
9	1.540	56.146	1.486	1.456	56.128
10	1.545	19.493	−4.835	−1.643	19.424
合计	20.001	合计		508.981	882.634
安全系数	$K = \dfrac{\tan\phi\sum W_i\cos\alpha_i + CL}{\sum W_i\sin\alpha_i} = \dfrac{882.634\times\tan10° + 21.2\times20.001}{508.981} = 1.139$				

8.4 边坡稳定分析的毕晓普法

费伦纽斯条分法作为条分法计算中的最简单形式在工程中得到广泛应用，但实践表明，该方法计算出的安全系数偏低。实际上，土体是一种松散的聚合体，若不考虑土条之间的作用力，肯定无法满足土条的稳定，即土条无法自稳。随着边坡稳定分析理论与实践的发展，如何考虑土条间的作用力成为边坡稳定分析的发展方向之一，并形成了一些较为成熟并便

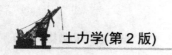

于工程应用的分析方法，毕晓普条分法就是其中代表性的方法之一。

毕晓普在分析土坡稳定时认为土条之间的作用力不可忽略，土条之间的相互作用力包括土条两侧的竖向剪切力和土条之间的推力，并作如下假设。

(1) 滑动面为圆弧面。

(2) 滑动面上的剪切力做了具体规定。

(3) 土条之间的剪切力忽略不计(简化毕晓普法)。

取第 i 根土条进行分析，作用在其上的力如图 8.6 所示，在土条受力中不考虑土条之间的竖向剪切力。

根据土条 i 的竖向力平衡条件可得

$$W_i - X_i + X_{i+1} - S_i \sin \alpha_i - N_i \cos \alpha_i = 0$$

于是可以得到

$$N_i \cos \alpha_i = W_i - (X_i - X_{i+1}) - S_i \sin \alpha_i$$

假定土坡稳定安全系数为 K，则土条底面的极限抗剪强度只发挥了一部分，即切向力

$$S_i = \tau_{fi} l_i = \frac{1}{K}(\sigma_i \tan \phi_i + C_i) l_i = \frac{1}{K}(N_i \tan \phi_i + C_i l_i)$$

从而可知

$$N_i = \frac{W_i - (X_i - X_{i+1}) - \dfrac{1}{K} C_i l_i \sin \alpha_i}{\cos \alpha_i + \dfrac{1}{K} \tan \phi_i \sin \alpha_i}$$

于是得出土坡稳定的安全系数

$$K = \frac{\sum M_{ri}}{\sum M_{si}} = \frac{\sum (N_i \tan \phi_i + C_i l_i)}{\sum W_i \sin \alpha_i} = \frac{\dfrac{\sum [W_i - (X_i - X_{i+1})] \tan \phi_i + C_i l_i \cos \alpha_i}{\cos \alpha_i + \dfrac{1}{K} \tan \phi_i \sin \alpha_i}}{\sum W_i \sin \alpha_i}$$

若令 $m_{\alpha_i} = \cos_{\alpha i} + \dfrac{1}{K} \tan \phi_i \sin \alpha_i$，并忽略土条两侧的剪切力，可得安全系数 K 的新形式

$$K = \frac{\dfrac{\sum W_i \tan \phi_i + C_i l_i \cos \alpha_i}{m_{\alpha_i}}}{\sum W_i \sin \alpha_i} \tag{8-5}$$

对于匀质土坡，有

$$K = \frac{\dfrac{\sum W_i \tan \phi + C l_i \cos \alpha_i}{m_{\alpha_i}}}{\sum W_i \sin \alpha_i}$$

与费伦纽斯方法一样，对于给定的滑动面对滑动体进行分条，确定土条参数(含几何尺寸、物理参数等)。首先假定一个安全系数 K_0，代入计算公式得出安全系数 K，若 K 与假设的 K_0 很相近，说明得出的即为合理的安全系数，若两者差别较大，即用得出的新安全系数再进行计算，又得出另一安全系数，再进行比较，一般经过 3 次~4 次循环之后即可求得合理安全系数。

【例 8.2】 计算的例题同上题，在实际计算中要选取多个滑动面进行试算，以确定危险滑动面和对应的安全系数，见表 8-2。

【解】

表 8-2 毕晓普法计算结果

土条编号	土条底面长度 l_i /m	土条重力 W_i /kN	底面倾角 α_i /(°)	$W_i \sin\alpha_i$	$W_i \tan\phi_i$	$m\alpha_i$			$\frac{1}{m\alpha_i}(W_i \tan\phi_i + C_i l_i \cos\alpha_i)$		
						$K=1.00$	$K=1.145$	$K=1.162$	$K=1.00$	$K=1.145$	$K=1.162$
1	3.812	47.785	66.172	43.712	8.426	0.982	0.983	0.984	36.759	36.689	36.682
2	2.564	123.666	53.088	98.878	21.806	1.004	1.004	1.004	42.366	42.390	42.393
3	2.122	162.096	43.483	111.543	28.582	1.015	1.012	1.011	47.484	47.627	47.641
4	1.886	162.822	35.269	94.017	28.710	1.013	1.007	1.007	52.310	52.596	52.624
5	1.741	153.476	27.838	71.669	27.062	0.997	0.989	0.988	57.012	57.471	57.516
6	1.648	137.261	20.894	48.953	24.203	0.967	0.956	0.955	61.769	62.444	62.510
7	1.589	115.266	14.263	28.399	20.324	0.918	0.905	0.904	66.817	67.769	67.864
8	1.554	88.115	7.825	11.996	15.537	0.847	0.832	0.830	72.294	73.631	73.764
9	1.540	56.146	1.486	1.456	9.900	0.742	0.724	0.722	73.426	75.240	75.421
10	1.545	19.493	−4.835	−1.643	−3.437	0.565	0.545	0.543	72.655	75.383	75.659
	合计			508.981		得到的安全系数			$K=1.145$	$K=1.162$	$K=1.163$

8.5 非圆弧滑动的普遍条分法——简布法

费伦纽斯法和毕晓普法均是基于圆弧滑动面假设而提出的计算公式。为了扩大这两种方法的应用范围，有些学者尝试将其应用于非圆弧滑动面计算中，但缺乏力学意义上的合理性。针对实际工程中常遇到非圆弧滑动面的问题，简布(Janbu)于 1954 年提出了普遍条分法的概念，其主要特点在于：其并不假定土条竖直分界面上剪切力 T 的大小、分布形式，而是假定土条分界面上推力作用点的位置，认为大致在土条侧面高度的下 1/3 位置处，具体位置的变化与土体强度特性和土条所处位置有关：当粘聚力 $C=0$ 时，可取 E 的作用点位于土条侧面高度的下 1/3 位置处；若 $C>0$，则在被动区，位置稍高于 1/3 位置处，主动区则稍低于 1/3 位置处，从而可得推力线分布图。

在简布条分法中，可以完全考虑土条的力学平衡条件，因此又可将其称为普遍条分法，取滑动体中的一个分条进行分析，如图 8.7 所示。

根据图所示土条，建立土条两个方向的力平衡条件，以土条底面并建立力矩平衡方程。

$$\sum F_x = 0 : \quad E_i - E_{i-1} + N_i \sin\alpha_i - S_i \cos\alpha_i = 0$$

$$\sum F_y = 0 : \quad W_i + T_i - T_{i-1} - N_i \cos\alpha_i - S_i \sin\alpha_i = 0$$

并记：$\Delta E_i = E_{i-1} - E_i$，$\Delta T_i = T_{i-1} - T_i$，于是可得

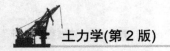
$$\Delta E_i = N_i \sin\alpha_i - S_i \cos\alpha_i$$

$$N_i = (W_i + \Delta T_i)\sec\alpha_i - S_i \tan\alpha_i$$

从而可得

$$\Delta E_i = (W_i + \Delta T_i)\tan\alpha_i - S_i \sec\alpha_i$$

根据简布法的假设，可知

$$S_i = \frac{1}{K}(N_i \tan\phi_i + C_i l_i)$$

从而

$$S_i = \frac{1}{K}[(W_i + \Delta T_i)\tan\phi_i + C_i b_i]\frac{1}{m_{\alpha_i}}$$

其中，$m_{\alpha_i} = \cos\alpha_i + \dfrac{1}{K}\tan\phi_i \sin\alpha_i$。

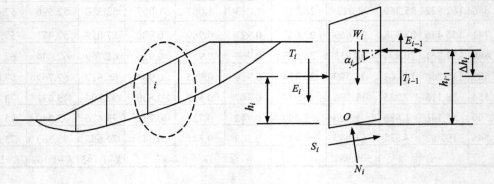

图 8.7　Janbu 条分法分析

从而有

$$\Delta E_i = (W_i + \Delta T_i)\tan\alpha_i - \frac{1}{K}[(W_i + \Delta T_i)\tan\phi_i + C_i b_i]\frac{1}{m_{\alpha_i}\cos\alpha_i} \tag{8-6}$$

令

$$A_i = [(W_i + \Delta T_i)\tan\phi_i + C_i b_i]\frac{1}{m_{\alpha_i}\cos\alpha_i}, \quad B_i = (W_i + \Delta T_i)\tan\alpha_i$$

对于整个土坡来说，有 $\sum \Delta E_i = 0$，于是有 $K = \dfrac{\sum A_i}{\sum B_i}$。

该式中安全系数 K 和土条两侧剪切力的差值 ΔT_i 未知，其中安全系数 K 可以通过迭代方式求得，关键在于确定剪切力 ΔT_i。

取土条底面中心为矩轴进行力矩平衡分析，可知 $\sum M = 0$，计算时假设土条重心通过土条底面中点，于是有

$$T_i \frac{1}{2}b_i + (T_i + \Delta T_i)\frac{1}{2}b_i + E_{i-1}h_{i-1} - E_i h_i = 0$$

经过变换可得

$$T_i = \Delta E_i \frac{h_i}{b_i} - E_i \tan\alpha_i \tag{8-7}$$

其中 $\tan \alpha_i = \dfrac{\Delta h_i}{b_i}$，$\alpha_i$ 称为推力(压力)线倾角。

上式中：E_i 和 ΔE_i 未知，实际上 ΔE_i 可由 E_i 求出，此时问题归结到求解推力 E_i，由前述可知，E_i 和 T_i 存在互相耦合的关系，在计算时需要解耦。显然水平推力存在明显的规律性，在滑坡入口处和出口处均为 0，在计算时首先假定 T_i 为 0，计算出安全系数 K 后，然后得出 ΔE_i，从而计算出 ΔT_i，再计算安全系数，该过程只能通过迭代完成。

简布法在计算时，首先假设土条间竖向剪切力为 0，此时安全系数计算公式变为

$$K = \frac{A_i}{B_i} = \frac{\sum_{i=1}^{n}[(W_i + \Delta T_i)\tan\phi_i + C_i b_i]\dfrac{1}{m_{\alpha_i}\cos\alpha_i}}{\sum_{i=1}^{n}(W_i + \Delta T_i)\tan\alpha_i}$$

与毕晓普公式类似。然后考虑土条间的竖向剪切力进行计算，首先用不考虑剪切力时得出的安全系数 K_0 求出 ΔE_i 和 E_i 值(此时 A_i 和 B_i 用不考虑竖向剪切力的情况下得出的值计算)，然后求出 ΔT_i 和 T_i 值，并假定一个试算安全系数 K_0 计算 m_{α_i} (为计算方便起见，可采用按毕晓普法得出的安全系数)，考虑 ΔT_i 影响求得 A_i 和 B_i，从而求得新的安全系数 K_1，若 K_1 和 K_0 相差不大，可停止试算，从而得出最终的安全系数，否则进行下一次迭代。

【例 8.3】 同前，滑动面仍采用圆弧滑动面，位置与前相同。

【解】 在计算时假定控制条件安全系数之差的绝对值为 0.1，土条划分为 5 条。

(1) 第一次迭代计算。

土条参数同毕晓普法中例题，见表 8-3。

表 8-3 第一次迭代计算

土条编号	B_i	A_i	$K = \dfrac{\sum A_i}{\sum B_i}$	B_i	A_i	K_1
1	272.837	295.797		272.837	303.101	
2	264.758	178.951		264.758	181.263	
3	130.856	129.621	$K=1.111$	130.856	130.592	$K=1.127$
4	39.343	101.089		39.343	101.428	
5	−2.149	78.690		−2.149	78.649	

第一次迭代得出安全系数为 1.127。

(2) 第二次迭代计算。

此时以第一次的安全系数作为初始值代入，见表 8-4。

表 8-4 第二次迭代计算

土条编号	$\dfrac{A_i}{K_i}$	ΔE_i	E_i	$\dfrac{\Delta E_i}{b_i}$	h_i	$\dfrac{\Delta h_i}{b_i}$	T_i	ΔT_i	B_i	A_i
1	272.757	0.080	0.080	0.026	2.845	1.798	−0.070	−0.070	272.711	303.061
2	163.116	101.643	101.723	33.004	3.875	0.098	117.912	117.982	362.425	212.252

续表

土条编号	$\dfrac{A_i}{K_i}$	ΔE_i	E_i	$\dfrac{\Delta E_i}{b_i}$	h_i	$\dfrac{\Delta h_i}{b_i}$	T_i	ΔT_i	B_i	A_i
3	117.518	13.338	115.061	4.331	3.380	-0.384	58.844	-59.068	103.985	118.868
4	91.273	-51.930	63.130	-16.862	2.083	-0.643	5.493	-53.351	28.896	91.954
5	70.776	-72.925	0.080	-23.679	0.090	-0.868	-0.070	-0.070	-2.149	78.649

从而可得安全系数为 1.051。

简布条分法在计算时第一步不考虑土条间剪切力的情况下与简化毕晓普法类似，但在考虑剪切力情况下即第二步迭代时其收敛性对于安全系数较为敏感，如何选择合适的安全系数需要一定的计算经验，在计算机编程时更需要考虑这一问题，有兴趣者可参看相关文献。

8.6 不平衡推力传递法

传递系数法又称为剩余推力法或不平衡推力传递法。作为纳入建筑规范的一种方法，它在我国水利、交通和铁道部门滑坡稳定分析中得到了广泛的应用。该法将滑动体分成条块进行分析。该法简单实用，可考虑复杂形状的滑动面，可获得任意形状滑动面在复杂荷载作用下的滑坡推力。

该方法同样利用毕晓普关于滑动面抗剪力大小的定义，并假定条块间推力方向与上条块滑动面平行，即规定了土块之间剪切力与推力的比值。

如图 8.8 所示，假设土坡沿竖直方向划分为 n 个条块，安全系数为 K，以第 i 个条块为研究对象进行受力分析。

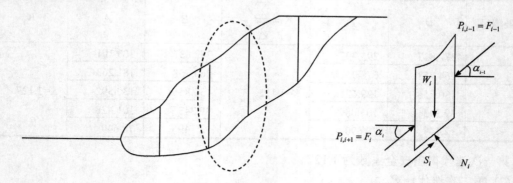

图 8.8　不平衡推力法受力分析

沿土块底面方向和垂直底面方向列出力平衡条件有

$$F_i - F_{i-1}\cos(\alpha_{i-1} - \alpha_i) - W_i\sin\alpha_i + S_i = 0$$
$$N_i - W_i\cos\alpha_i - F_{i-1}\sin(\alpha_{i-1} - \alpha_i) = 0$$

根据毕晓普关于剪切力的定义有

$$S_i = \frac{C_i l_i + N_i\tan\phi_i}{K}$$

从而可知

$$F_i = W_i \sin\alpha_i - \frac{C_i l_i + W_i \cos\alpha_i}{K} + F_{i-1}\psi_{i-1} \tag{8-8}$$

式中

$$\psi_{i-1} = \cos(\alpha_{i-1} - \alpha_i) - \frac{\tan\phi_i}{K}\sin(\alpha_{i-1} - \alpha_i) \tag{8-9}$$

由此可以看出，土块 i 左侧的推力由三部分组成：土块自重产生的下滑力、土块底面的抗滑力及上一条块推力的影响。

可见在进行计算之前，需要假定一个安全系数 K 进行试算，根据最后一个条块 n 左侧不平衡推力 F_n 的大小来判断是否得出了合理的安全系数，若 F_n 很小则表明所取安全系数合理，一般来说在计算时选择三个以上不同的安全系数进行计算，计算出相应的 F_n，若 F_n 分布在大于 0，小于 0 的范围，则绘制出 F_n 与 K 的曲线，并可用插入法求出 $F_n = 0$ 对应的 K 值，否则需要调整 K 的大小以满足 F_n 的分布范围。一般来说，采用这种方法需要经过多次试算。随着计算机的发展，通过编制相应的程序不难实现对 K 的求解。

该方法在计算时能考虑土块侧面的剪力，计算也简单，因此在我国铁道、水利、交通工程中得到广泛应用。在计算时应当注意到由于土块间推力方向固定，因此可能导致土块侧面剪切力超过抗剪强度，如下式所示。

$$E = P\cos\alpha, \quad T = P\sin\alpha$$

土块侧面的剪切力应满足：$T \leqslant \frac{CH + E\tan\phi}{K}$，显然，当 α 较大时，可能超过抗剪强度，一般来说，只有在前面几个土块出现这种情况(因 α 较大)。

【例8.4】边坡条件同例8.1，仍然采用圆弧滑动面。

【解】迭代过程见表8-5。

表8-5 迭代过程

安全系数	1.000	1.010	1.020	1.030	1.040	1.050	1.060	1.070
剩余推力/(kN/m)	−103.310	−97.974	−92.733	−87.584	−77.553	−77.553	−72.667	−67.864
安全系数	1.080	1.090	1.100	1.110	1.120	1.130	1.140	1.150
剩余推力/(kN/m)	−63.142	−58.499	−53.933	−49.442	−45.025	−40.679	−36.403	−32.195
安全系数	1.160	1.170	1.180	1.190	1.200	1.210	1.220	1.230
剩余推力/(kN/m)	−28.054	−23.977	−19.964	−16.014	−12.123	−8.292	−4.519	−0.803

最终安全系数以剩余推力不大于 1kN/m 为准，可得安全系数为 1.23。

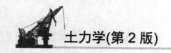

8.7 边坡稳定分析的工程考虑

前面在边坡稳定分析时，主要考虑的是除了考虑土条(块)自身的重力。实际工程作用在边坡上的荷载可能较为复杂，如边坡顶面超载，包括集中荷载和分布荷载；边坡中存在地下水作用；为了提高边坡稳定性而采取的各种抗滑措施；地震荷载、爆破作用、交通荷载等动荷载；边坡的施工过程等因素。

8.7.1 地下水对边坡稳定分析的影响

实践表明，地下水对边坡稳定具有决定性的影响，对边坡失稳的统计调查发现，大约80%的边坡事故是由水的因素引起的，因此分析地下水及其运动对边坡稳定的影响具有重要的意义。地下水对边坡稳定的影响可分成以下几种情况：(1)边坡部分或全部浸入静水中；(2)边坡中有稳定渗流；(3)边坡中有不稳定渗流；(4)坡顶开裂时裂缝充水，如图8.9所示。

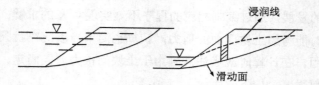

浸润线

滑动面

图 8.9 考虑地下水作用的边坡稳定分析

这里以条分法为例进行分析，取滑动体中一条块进行分析，并列出除土条相互之间作用力外的主要外力，如图8.10所示。

如图8.10(a)所示中，将土条与浸入到土条中的水看作一个整体分析，作用在土条侧面的水压力有 W_1，W_2，作用在土条底面的水压力为 U，显然水压力均垂直于作用面。在分析时根据渗流流网做出水流的等势线，从而可得出三个水压力数值。土条重力由两个部分组成，浸润线以上的土体重量 W_A 和浸润线以下的土体重量 W_B，前者按土体的天然重度计算，后者则用饱和重度计算。

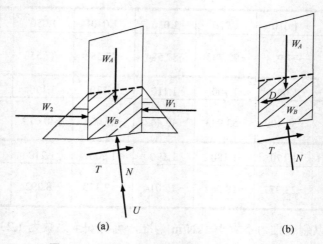

(a)   (b)

图 8.10 渗流对土条作用力的两种分析方法

如图 8.10(b)所示为另外一种计算渗流作用力的方法。土条重量计算同样分为两部分：浸润下以上和以下。前者与图 8.10(a)相同，后者在计算时则按浮容重(有效重度)γ' 计算，而特别将渗流作用力单独提出来，即渗流作用力 D，又称为动水力，按下式计算：

$$D = G_D A = \gamma_w I A$$

式中，G_D 为作用在单位体积土体上的动水力(kN/m^3)；γ_w 为水的容重(kN/m^3)；A 为土条位于浸润下部分的面积(m^2)；I 为在浸润下范围内水头梯度平均值，可近似假设为浸润线两端连线斜率。

对于边坡浸在水中的情况，显然有 W_1 和 W_2 完全相等而抵消，在土条底部存在静水压力 U，显然该情况为渗流计算的一个特例。

地表土在长期外界因素作用下，存在或多或少的裂隙，当裂隙张开并且深度较大时，可能在裂隙中存在一定的积水，形成静水压力而造成下滑力的增加，此时须考虑裂隙水对边坡稳定的影响，如图 8.11 所示。

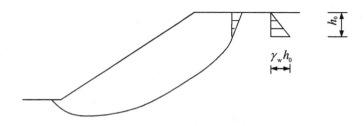

图 8.11 坡顶开裂时裂隙水压力

此时坡顶裂隙积水产生的静水压力为 $F_w = \dfrac{1}{2}\gamma_w h_0^2$，起着一个推力的作用，不利边坡稳定，在进行边坡稳定分析时需要加以考虑。

8.7.2 施工过程对边坡稳定的影响

若土坡用饱和粘性土填筑或由于降雨等因素导致土坡处于饱和状态，若孔隙水来不及及时排出，将产生孔隙水压力而造成土的有效应力减小，造成滑坡的危险性加大，这时可采用有效应力法，所用的强度指标为有效应力强度指标，此时应力采用有效应力。

对于费伦纽斯条分法，其有效应力法的条分公式可写为

$$K = \frac{\sum(W_i \cos\alpha_i - u_i l_i)\tan\phi_i + C_i' l_i)}{\sum W_i \sin\alpha_i} \tag{8-10}$$

而对于毕晓普条分法，其计算公式可改写为

$$K = \frac{\sum \dfrac{(W_i - u_i l_i \cos\alpha_i)\tan\phi_i + C_i' l_i \cos\alpha_i}{m_{\alpha_i}}}{\sum W_i \sin\alpha_i} \tag{8-11}$$

简布条分法和不平衡推力传递法则需要考虑土条侧面水压力对安全系数的影响，具体推导过程根据平衡原理完成。

8.7.3　边坡稳定的计算机分析方法

随着计算机的发展，边坡稳定逐渐倾向采用计算机进行分析，这样可以大大减轻计算工作负担，目前在边坡稳定中应用较多的软件国内有北京理正软件公司的理正系列软件、中国水利水电科学研究院的 stab 分析软件、同济大学的同济曙光软件等，国外比较常见的有加拿大 Geoslope 公司的 slope/w 软件，目前边坡稳定程序发展趋势：与 AutoCAD 兼容，可以考虑加固、渗流、地震荷载，以及可以搜索任意滑动面。值得欣慰的是，国内的边坡分析软件在技术水平方面与国外软件基本保持同等水平。

本 章 小 结

边坡稳定分析是土力学中一个实践性很强的内容。本章主要介绍了边坡稳定分析的一些基本原理和方法，通过掌握这些方法，可以加深对工程中的岩质边坡和土质边坡的处理技术的理解。

在进行边坡稳定分析之前，需要确定边坡的滑动模式。土坡的滑动模式有多种，根据滑动的诱因，可分为推动式滑坡和牵引式滑坡。推动式滑坡是由于坡顶超载或地震等因素导致下滑力大于抗滑力而失稳。牵引式滑坡主要是因为坡脚受到切割导致抗滑力减小而破坏。按滑动面的类型可分为圆弧型滑动、折线滑动、组合滑动，滑动面类型与土层的强度参数、土层分布和外界条件等因素有关。

习　　题

1. 砂性土边坡和粘性土边坡破坏方式有何不同？两者在何种情况下可采用相同的滑动模式？

2. 在粘性土边坡稳定分析时，所要解决的主要问题主要有哪些？

3. 简布普遍条分法的计算过程与费伦纽斯法和毕晓普法有何不同？

4. 在坡顶开裂和存在渗流时如何计算边坡稳定？

5. 采用总应力法和有效应力法如何计算土坡稳定？

6. 土坡失稳破坏的原因有哪些？

7. 对费伦纽斯条分法、毕晓普法、简布法和传递系数法进行比较，你认为条分法的最大优点在哪里？

8. 砂性土边坡只要坡角不超过其内摩擦角即保持稳定，其安全系数与坡高无关，而粘性土坡安全系数与坡高有关，试分析其原因。

9. 某砂性土坡，其重度 $\gamma = 17.8\text{kN/m}^3$，内摩擦角 $\phi = 32°$，坡度为 30°。试问其稳定安全系数为多少？若坡度为 20°，其稳定性又如何？

10. 某粘性土土坡，已知土层的物理力学参数：$\phi = 20°$，$C = 12\text{kPa}$，$\gamma = 17.8\text{kN/m}^3$，试确定张拉裂缝最大理论深度。

11. 某露天矿边坡，边坡表层为黄土，厚度为 2.5m，下卧层为岩层，边坡坡角为 45°，边坡高度为 30m，土层与岩层面平行，如图 8.12 所示。土与岩层间的摩擦角为 28°，粘聚力为 12kPa，土层的重度 $\gamma=18.3kN/m^3$，试确定边坡的安全系数。

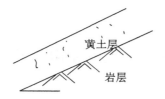

图 8.12　第 11 题图

12. 试用条分法(费伦纽斯法和毕晓普法)计算如图所示土坡的安全系数，其滑动面已知，为圆弧滑动面，如图 8.13 所示，并对其进行了分条，分条情况见表 8-6。

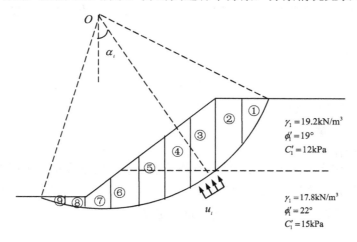

图 8.13　第 12 题图

表 8-6　条分法土条计算参数

土条编号	宽度 b_i/m	平均高度 h_i/m	土条底面倾角 α_i/(°)	土条底面长度 l_i/m	底面平均孔隙水压力 u_i/kPa
1	3	1.5	70	9.0	0
2	3	2.0	50	4.9	2.3
3	3	2.2	30	3.6	4.5
4	3	2.3	20	3.3	12.3
5	3	1.9	12	3.2	13.2
6	3	1.3	5	3.1	14.9
7	3	0.8	1	3.2	12.5
8	3	0.3	-3	3.2	8.9
9	3	0.2	-10	3.3	4.2

附录 A 土力学实验

A.1 土的密度试验

1. 土的密度实验

土的密度是土的三相比例指标的三个基本指标之一。土的密度大小与土的密实程度、颗粒级配、矿物成分等多种因素有关。它直接决定土的压缩性、抗剪强度等力学参数。土的密度也是计算地基自重应力的重要参数。密度测试还是土的相对密实度等物理指标的测试方法。

单位体积土的质量称为土的密度，定义为：

$$\rho = \frac{m}{V} \tag{A-1}$$

式中，ρ——土样密度，g/cm^3；

m——土样质量，g；

V——土样体积，cm^3。

直接测量的密度为湿密度，对原状土称作天然密度，用 ρ 表示。工程中常用的土体在不同状态下的密度有干密度（ρ_d）、饱和密度（ρ_{sat}）、浮密度 ρ' 等。与密度相对应的常用指标是重度（容重），其定义为单位体积土的的重量。定义为：

$$\gamma = \frac{mg}{V} \tag{A-2}$$

式中，γ——土样重度，kN/m^3；

g——重力加速度，$9.81m/s^2$，工程上一般取 $10m/s^2$；

其余符号同前。

本附录介绍天然密度的实验室测定方法。

2. 实验原理

根据公式 A-1，密度试验方法即包括测定试样体积 V 和质量 m。最常用的有环刀法，即用环刀在现场切取原状土样，然后用天平称量环刀和环刀内的土样总重量，再求出土的重量，环刀的体积是已知的，这样即可求得土的密度或重度。也有现场灌砂法、灌水法等。环刀法是最常用的方法，尤其是在现场控制粘性土填土施工质量时，十分方便而被广泛采用，其他试验方法在环刀法不能应用时才考虑采用。环刀法适用于砂土、粉土和粘性土；而灌砂法和灌水法则一般用于现场各种不好用环刀取土的大粒径填土的填土工程，特别对于建筑垃圾填土、砾类土等。城建部门建议用灌砂法，水利部门建议用灌水法，现场试验结果表明灌水法精度较高。蜡封法适用于粘结性较好的粗细粒混合土，且一般在室内进行，其试验的精度主要取决于水的纯度和操作方法等因素。蜡封法的关键是在水下称量时蜡密封面是否漏水。我们以后可以参照国家规范进行此类实验，这里只讨论环刀法实验。

3．环刀法

(1) 实验仪器设备。

环刀法测试土的密度包括如下设备。

① 环刀：内径 6～8cm，高 2～3cm。体积定期校正为恒值，我们使用的环刀体积为 60cm^3 和 100cm^3，即环刀高度为 2cm，面积为 30cm^2 和 50cm^2。

② 天平：称量 200g，感量 0.01g。也可用称量 1000g，最小分度值 0.1g 的天平。

③ 附加设备：切土刀，钢丝锯，凡士林等。

(2) 实验操作步骤。

① 取原状土或制备的扰动土样，在铁盆内拍紧到一定程度到某种原状土状态，整平两端。将环刀内壁涂一薄层凡士林，刃口向下放在土样上，将环刀垂直向下压至约刃口深处，用切土刀(或钢丝锯)将士样切成略大于环刀直径的土柱后，边压边削，直至土样伸出环刀顶部，将两端余土削平。

② 用切下的代表性土样测定含水率 ω。

③ 擦净环刀外壁，称环刀加土的质量 m_{sd}，准确至 0.1g。

④ 按公式 A-1 计算试样密度。注意其分子为 $m=m_{sd}-m_d$。

⑤ 按 1 至 4 的步骤进行两次平行测定，其平行差不得大于 0.03g/cm^3，取其算术平均值作为试验结果。

(3) 试验记录。

环刀法测定土的密度记录格式及成果见规范。

4．实验注意事项和问题讨论

在实验操作、数据处理和写实验报告时，必须对下列问题加以考虑。

① 密度试验要求进行两次平行试验，平行误差小于 0.03g/cm^3，这时取平均值作为结果，否则重做，这一要求是对均质土，试验过程中随机误差的控制标准。对不均匀土层，当两点土样有变化时，不受此限制，这时要给出该土层密度变化范围、均值、标准差等量。

② 什么是原状土？回顾原状土中的应力状态。

③ 研究环刀的结构，讨论原状土的保护措施。

A.2　含水率试验

1．土的含水率

土的含水率 ω 也是土的三相比例指标的三个基本指标之一，也称为含水量。土体含水率高低直接决定粘性土的抗剪强度和压缩性指标等力学参数。土的含水率试验是土木工程实践中经常用到的最基本试验。

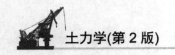

2. 试验原理

土样含水率是指土样在 105℃～110℃的温度下烘干至恒重时所失去的水分质量与烘干土质量的比值,用百分数表示。即:

$$\omega = \frac{m - m_s}{m_s} \times 100\% \tag{A-3}$$

式中, ω ——土样含水率,%;

$\qquad m$ ——湿土质量,g;

$\qquad m_s$ ——烘干土质量,g。

含水率试验的室内试验方法以烘干法为标准方法。在野外,如果条件不满足可依土的性质和工作条件选用如下试验方法。

(1) 酒精燃烧法。

(2) 比重法(适用于砂性土)。

(3) 实容积法(适用于粘性土)。

(4) 炒干法(适用于砾质土)。

含水率试验的上述方法在水中还会发生水解适用于无机土(有机质含量低于 5%),对于有机质土和有机土,在温度较高时会发生分解,使测得的含水率偏高,从而造成试验误差。

有机质含量超过 5%的有机质土和有机土,含石膏和硫酸盐矿物的土,因为这些矿物晶体中含结晶水,因此需采用 65～70℃温度将土烘干至恒重,测量其含水率。

上述各种试验方法都是利用水在加温后逐渐变成水蒸气的性质。加热一定时间后,在温度不高于 110℃时,土中自由水全部变成气体挥发,之后土的重度不再发生变化,即处于恒重状态。土恒重即认为是干土质量。对粘性土, m_s 实际上是土粒质量与强结合水质量之和,因强结合水需要温度高于 120℃才能析出,因此,将其作为固体颗粒的一部分。这里我们只讨论酒精燃烧法。

3. 酒精燃烧法

(1) 实验仪器设备。酒精燃烧法仪器设备主要如下。

① 铝盒(称量盒)。

② 天平:称量 200g,感量 0.01g。

③ 酒精:纯度高于 95%。

④ 其他:滴管,火柴,调土刀等。

(2) 实验操作步骤。

酒精燃烧法测定土样中含水率是通过酒精燃烧过程中产生的热量使土中水气化蒸发。主要操作步骤如下。

① 用感量 0.01g 的天平称取铝盒重量,记录铝盒编号和重量。取代表性试样 15～30g,放入铝盒内,盖好盒盖,称盒加湿土质量 m_1,准确至 0.01g。 m_1 减去铝盒质量 m_0 即为湿土质量 $m = m_1 - m_0$。

② 将酒精注入放有试样的铝盒中,至酒精超过试样面为止。轻轻敲击铝盒,使酒精与土样充分混合均匀。

③ 点燃盒中酒精，烧至火焰熄灭。

④ 让试样冷却数分钟，按操作步骤中的(2)、(3)步骤，重复燃烧两次。当第三次火焰熄灭后，立即盖好盒盖，冷却到室温后称取铝盒加干土质量，准确至 0.01g。干土质量 m_s 即为：$m_s = m_2 - m_0$；

⑤ 按前面的步骤进行两次平行试验，当两次测定含水率的差值在允许的范围内时，取其算术平均值作为该土样的含水率。两次测定的差值允许范围为：含水率低于 40% 时，不得大于 1%；含水率高于 40% 时，不得大于 2%。

4. 实验注意事项与问题讨论

含水率试验以烘干法和酒精燃烧法最为常用。若在实际工作中需要采用其它方法操作步骤参见有关试验规程。在实验操作、数据处理和写实验报告时，必须考虑下列问题。

(1) 天平未调平(机械天平)或零点漂移(电子天平)。要求将天平放在平整结实的台板上，保持天平间干燥、无振动。天平间内温度变化小，相对湿度低于 75%(附图 A.1)，不能放置高温发热物体。窗帘采用红黑双层布组成。电子天平要在一开机预热 30 分钟，用标准砝码校验后，才能作为测量工作器具。

(2) 铝盒质量改变。在试验过程中禁止用铁刀等硬物刮铝盒，试验后将铝盒洗净晾干放置，试验前烘干铝盒。每隔 3~6 个月复核一次铝盒质量。

(3) 部分土掉出盒外或向铝盒装土时有土留在盒外。

(4) 为防止计算错误和测试过程中操作错误等因素造成的粗大误差，要求计算分析中计算者和校核者分开，整个试验过程严格按规范操作。

(5) 讨论与研究：室内试验过程中的误差来源有哪些？现场取至实验室的原状土样，在取样和运输过程中，含水率会重新分布。如土样中间与外围、顶部与底部存在含水率差异。在测定含水率的取样时，所谓代表性土样即指各部位土样都有，使测出的平均含水率能代表原状土样含水率。在计算含水率时，相当多的人把土加水加盒的质量减去土加盒的质量当作式 A-3 的分母，整理数据时应特别加以注意。

附图 A.1　核子密度/湿度测试仪

A.3 界限含水率试验

1. 概述

对于粘性土，在工程实践中我们要描述土的软硬程度，即含水量状态。而由于土的矿物成分不同，含水率指标还不能很好地描述它的性状，甲土层含水率为 30%和乙土层含水率为 33%，我们还不能简单说甲土层比乙土层硬。必须使用土的液性指数 I_l 来描述它。界限含水率试验主要内容是测试粘性土的液限含水率 ω_l 和塑限含水率 ω_p，简称液限和塑限，由此获得塑性指数 I_p，从而求得液性指数 I_l，并可利用它们对土进行分类和定名。

我们在第 1 章中，叙述了土体在不同含水率下可能处于如下不同状态。

(1) 流动状态：土体重塑后，在自重作用下不能保持其形状，发生类似于液体的流动现象。几乎没有强度。

(2) 可塑状态：土体重塑后，在自重作用下，能保持其形状。在外力作用下，将发生持续的塑性变形而不产生断裂，外力消失后，即保持外力消失前那一时刻的形状不变。有一定的抗剪强度。

(3) 半固态：在较小的外力作用下，产生弹性变形为主的变形，当外力超过一定值后，土体发生断裂。土体体积随含水率减小而减小。

(4) 固态：变形性质类似于半固态，但其体积趋于稳定，不随含水率变化而变化。

我们把液态与可塑态的分界含水率叫液限含水率(简称液限，记作 ω_l)，可塑态与半固态分界处的含水率叫塑限含水率(简称塑限，记作 ω_p)，半固态与固态分界处的含水率叫缩限含水率(简称缩限 ω_s)。实际上，土体不同状态之间的过渡是渐变的，为了使用上的方便，将给定的试验方法得到的含水率称作界限含水率。本章介绍中华人民共和国国家标准《土工试验方法标准》(GB/T 50123—1999)中规定的液限和塑限试验方法。

2. 试验原理和试验方法

(1) 液限试验原理和方法。

重塑土处于液态时，在自重作用下发生流动，而处于可塑态时，必须施加外力作用才发生变形。由此我们知道，在两种状态的分界处，土从不能承受外力向能承受一定外力过渡。试验时，给予试样一个小的外力作用，在一定的时间内，变形量达到规定值时的含水率叫做液限含水率。规范中给出了两种液限试验方法：锥式液限仪法和碟式液限仪法，并以前者为标准方法。

① 锥式液限仪法：锥式液限仪法用圆锥角为 30°，质量为 76g 的不锈钢圆锥，在重力作用下，5 秒钟内刺入深度为 17mm 时对应的试样含水率为液限含水率。我国交通部规范规定的锥式液限仪质量为 100g，5 秒钟内刺入深度为 20mm 时对应的试样含水率为液限含水率。

② 碟式液限仪法：碟式液限仪法是在规定的试样碟中盛土，在土中以特制开槽器开一宽 2mm 的槽，以一定的能量(落高 10mm)让土样碟与硬橡胶基座碰撞，这一过程中，土向

槽内流动。当槽两侧土靠拢长度为 13mm，撞击次数恰为 25 次时，对应的试样含水率定义为液限含水率。

(2) 塑限试验原理和方法。

塑限试验利用土体处于可塑态时，在外力作用下产生任意变形而不发生断裂；土体处于半固态时，当变形达到一定值(或受力较大)时发生断裂的特点。试验时给予一定外力，使试样变形达到规定值刚好出现裂缝时所对应的含水率作为塑限含水率。国标中据此给出了两种试验方法：搓滚法和液、塑限联合测定仪法，并且以后者为标准。

① 搓滚法塑限试验：用手掌在毛玻璃板上搓土条，当土条直径刚好在 3mm 时出现裂缝，对应的含水率叫塑限含水率，这种方法是国内外大多土工试验方法所采用的方法。

② 液、塑限联合测定仪法：采用与锥式液限仪完全相同的仪器，通过与搓条法对比，得到 76g 圆锥在 5 秒钟内锥尖入土深度为 2mm 时对应的含水率与搓条法得到的塑限接近，因此，定义 76g 圆锥仪在 5 秒钟内锥尖刺入深度为 2mm 时对应的含水率为塑限含水率。

为了减少锥式液限仪在试验过程中人为因素的影响，提高试验精度，我国设计出了液、塑限联合测定仪，并规定以此仪器为准，将 76g 圆锥在 5 秒钟内入土深度为 2mm 时对应的含水率为塑限。交通部规范给出了 100g 圆锥联合测定仪法的液限含水率 ω_l 与塑限 ω_p 和入土深度 s 的经验关系式。

3. 实验仪器构造和试验步骤

(1) 试验仪器。

液限、塑限试验的试验仪器主要包括如下。

① 锥式液限仪(附图 A.2)。

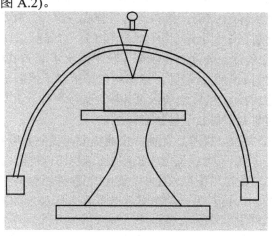

附图 A.2　锥式液限仪

② 碟式液限仪。

③ 光电式液限、塑限联合测定仪(附图 A.3)。

④ 其他设备：毛玻璃板，调土刀，0.5mm 孔径分析筛，凡士林，纯水，含水率试验全部设备等。

(2) 光电式液限、塑限联合测定仪的构造。

光电式液限、塑限联合测定仪包括部分。

① 圆锥仪：包括锥体、微分尺、平衡装置三部分，总质量76g±0.2g(公路标准100g±0.2g)。锥角30°±0.2°，锥尖磨损量不超过0.3mm。微分尺刻线距离0.1mm，其顶端为磨平铁质材料，能被磁铁平稳吸住。

② 电磁铁部分：磁铁吸力76g锥大于1N，100g锥大于1.5N。

③ 光学投影部分：包括光源、滤光镜、物镜、反射镜及读数屏幕，放大10倍。

④ 升降座：使试样杯在一定范围内能垂直升降。

⑤ 时间控制：落锥后延时5秒的显示或提示装置。

附图 A.3　光电液塑限联合测定仪

(3) 试验步骤。

① 制备试样：可采用天然含水率土样或风干土样制备。采用天然土样时，剔除大于0.5mm土粒，取代表性土样约250g，拌和均匀后分成三部分，制成不同含水率的土膏，使它们的圆锥入土深度分别在3~4mm、7~9mm和15~17mm。对风干土样，过0.5mm筛，取筛下土约200g分成三份后，分别加水制成3种不同含水率的试样，3种土膏的圆锥入土深度与天然含水率土样制成的土膏相同，拌和均匀后密封于保湿缸中静置24小时。

② 将试样用调土刀调匀，密实地填入试杯中，土中不能含封闭气泡，将高出试样杯的余土用调土刀括平，随即将试样放于仪器底座上。

③ 取圆锥仪，在锥尖涂以极薄凡士林，接通电源，使磁铁吸稳圆锥仪。

④ 调节屏幕基线，使初始读数位于零刻线处。调节升降座，使圆锥尖刚好接触土面，放开圆锥仪，圆锥仪在自重作用下沉入土中，经过5秒钟后测读圆锥仪下沉深度。

⑤ 重复步骤2、3、4，进行另外两个试样的圆锥入土深度和对应含水率的测试。

⑥ 在$\lg(\omega)$和入土深度曲线图上将上述3点画出，并把三点连成一条直线。在直线上找到入土深度17mm对应的液限ω_{l17}、入土深度10mm对应的液限ω_{l10}和入土深度2mm对应的含水率为塑限ω_p。

(4) 搓滚法塑限试验步骤。

① 试样制备。试样要求基本同液限试验，但制样含水率较低，使其在塑限左右，判断方法为：试样在手中捏揉而不粘手，或用吹风机稍稍吹干时，用手捏扁即出现裂缝，则表示该试样含水率在塑限附近。

② 取试样一小块，先用手搓成椭圆形，然后用手掌在毛玻璃板上轻轻搓滚，搓滚时手

掌均匀施加压力于土条上。搓条时注意：不能使土条在毛玻璃板上无力滚动，土条长不宜超过手掌宽度，不能使土条出现中空现象。

③ 若土条刚好搓至直径 3mm 时出现裂缝时，该土条的含水率定义为塑限。若土条直径达到 3mm 而未出现裂缝，表明试样含水率高于塑限，这时，将土条捏成土团后按步骤 2 继续搓条。若土条直径大于 3mm 即出现裂缝时，表明该试样的含水率低于塑限，换其他试样按步骤 2 继续搓条(可向试样加少量的水)。取合格的土条 3～5g 为一组，进行含水率试验。

④ 平行进行两次塑限试验，当两次测定的含水率差值小于 1%时，取平均值作为该土的塑限。

4. 实验注意事项与问题讨论

在实验操作、数据处理和写实验报告时，必须考虑下列问题。

(1) 中华人民共和国《土工试验方法标准》(GB/T 50123—1999)和水利部《土工试验规程》(SL 237—1999)均将液限、塑限联合测定法作为首选液塑限试验方法。

(2) 我国国家标准(GB/T 50125—1999)中同时保留了两个液限 ω_{17} 和 ω_{110}，公路标准又定义了一个不同的液限 100g 圆锥入土深度 20mm 对应的 ω_{120}。在土的分类时应注意区分，不同的液限、塑限试验方法有不同的土的分类界线。

(3) 液限、塑限试验成果据国内不同单位比较试验，即使相同的试验方法，也有较大的分散性，上面所讲的平行试验含水率差值是指同一单位，同试验者得出，主要为含水率测试误差。

(4) 应当指出，不同国家的液限、塑限试验方法和规定标准有差异，参考成果时，一定要先熟悉其试验标准。这一点，在以后国内工作、研究时必须加以注意，在援外工程中，尤其应该予以重视。

A.4　固　结　试　验

1. 土的固结试验

固结试验也称为压缩试验，但是土体的压缩是指土体在外力作用下体积发生减小的现象，土体固结是指土体在外力作用下体积随时间变化的过程。因此，压缩和固结是两个既有区别又有密切联系的概念。

压缩试验的目的是获得土体体积的变化与所受外力的关系，在土体空间，它是一个非常复杂的三维问题。为研究的方便，我们沿用太沙基一维固结理论来研究土的固结性质，其固结实验也是尽量模拟其一维固结的状况。其成果则用压缩曲线来表示。在 e-p 曲线上，可得到压缩系数 $a_{1\text{-}2}$，在 e-$\lg p$ 曲线上可得压缩指数 C_c。

固结试验的目的是获得在一定大小的外力作用下土体体积的变化与外力作用时间的关系，在一维固结模型中，采用太沙基一维固结理论描述时，为压缩量与时间的关系，得到固结系数 C_u。

固结(压缩)试验是使试样在侧向不变形的条件下，受竖向力的作用，量测试样轴向变形速率和在每级荷载作用下的最终压缩量。其成果一般用于地基沉降计算问题。掌握界限含水率试验方法和塑性指数、液性指数的计算，并能利用界限含水率指标进行土的分类和定名，判断天然土的状态。

2. 实验原理和计算公式

(1) 压缩试验。

由土力学知识知道，土体在外力作用下的体积减小是由孔隙体积减小引起的，而忽略其土颗粒和孔隙水的压缩，可以用孔隙比的变化来表示。在侧向不变形的条件下，试样受荷载增量 σ_p 作用下，孔隙比的变化 Δe 可用无侧向变形条件下的压缩量公式(A-4)表示。

$$e_i = e_0 - \frac{\Delta s_i}{h_0}(1+e_0) \tag{A-4}$$

压缩系数则定义为

$$a_{1-2} = 1000 \times \frac{e_1 - e_2}{p_2 - p_1} \quad (p_1=100\text{kPa}, \ p_2=200\text{kPa}) \tag{A-5}$$

由此可得出压缩模量

$$E_s = \frac{p_2 - p_1}{\dfrac{e_0 - e_i}{1+e_0}} = \frac{1+e_0}{a_{1-2}} \tag{A-6}$$

(2) 固结过程。

试样的固结过程就是试样在某一固结压力作用下，试样沉降量随时间增长的过程。

一般的软土，其固结时间很长，我们实验时所实验的土样含水量较小，由于条件的限制，对每一级荷载，可适当缩短其加载的时间。

3. 实验仪器及试验步骤

(1) 实验仪器。

压缩试验和固结试验仪器相同，固结试验是在压缩试验的过程中进行，即在某级荷载作用下，测读沉降 s 和时间 t，主要仪器包括如下。

① 固结仪，常用试样面积为 30cm^2 和 50cm^2，试样高 2cm。

② 加压设备，不同型号的仪器最大压力不同，一般按最大压力划分有以下几种：400kPa，800kPa，1600kPa，3200kPa。

③ 竖向变形量测表，一般采用量程 10mm，精度 0.01mm 的机械百分表或电测位移传感器(自动控制型仪器)。

④ 其他辅助设备：秒表，刮土刀，钢丝锯，天平，含水率量测设备等。

(2) 实验步骤。

压缩试验(包括固结试验)步骤如下。

① 按工程需要取原状土或制备所需状态的扰动土土样，整平其两端。

② 将环刀内壁涂一薄层凡士林，刃口向下放于土样上端，用两手将环刀竖直地下压，再用削土刀修削土样外侧，边压边削，直到土样突出环刀上部为止。然后将上、下两端多余的土削至与环刀平齐，注意不要在土面上用刀来回刮动。

③ 擦净粘在环刀外壁上的土屑,测定试样密度(按密度试验方法进行),测定试样含水率(用切下的土按含水率试验方法进行)。对扰动土试样，需要饱和时，可采用抽气饱和法饱和。

④ 放置好下透水石、下滤纸，将带有环刀的试样和环刀一起刃口向下小心放入护环，装入固结仪容器内，放置上滤纸、上透水石、护环和加压盖板，置于加压框架下，对准加压框架正中。

⑤ 为保证试样与仪器上下各部件之间接触良好，应施加 2kPa 的预加应力，装好量测压缩变形的百分表，使指针读数为接近满量程的整数(零点值)。

⑥ 分级加压，按加压梯度加载，一般为 12.5，25.0，50.0，100，200，400，800，1600，3200kPa。第一级荷载应小于自重应力，且不能使试样挤出，最后一级应力应大于自重应力与附加应力之和。

⑦ 若要得到 e-$\lg p$ 曲线，测量原状土的前期固结应力时，前几级荷载的加载梯度应小于 1(取 0.25 或 0.5)，最后一级应力应使 e-$\lg p$ 曲线出现直线段。注意要用 e-$\lg p$ 曲线由 Casagrande 方法得到现场压缩曲线时，还要进行卸荷试验。

⑧ 对于饱和土，试验过程中水槽内的水应能浸没试样。若需要进行固结试验，测定固结系数。在要测定的某级(或几级)荷载加上后，按下列时间顺序记录量测沉降的百分表读数：15s、1s、2min15s、4s、6min15s、9min、12min15s、16min、20min15s、25min、30min15s、36min、42min15s、49min、64min、100min、200min、400min、23h、24h。若仅进行压缩试验，则只需测读每级荷载加上后 24h 的沉降百分表读数，然后加下一级荷载。

⑨ 试验结束，吸去容器中的水，拆除仪器各部件，取出试样，测定含水率。

4. 试验记录、试验成果和问题讨论

固结(压缩)试验记录及试验成果包括如下。
① 压缩试验记录表。
② 固结试验记录表。
③ 压缩曲线，e-p 曲线和 e-$\lg p$ 曲线。
④ 在高压压缩试验中，仪器变形量不能忽略。
⑤ 滤纸浸湿后的变形量较大，因此，压缩试验要求使用薄滤纸或用孔径较细的透水石而不使用滤纸，但这时易使透水石淤堵。
⑥ 固结试验仅进行需要固结系数的那几级荷载，其它仅测读稳定沉降量。
⑦ 压缩试验中，使用卡萨格兰德(Casagrande)方法确定前期固结应力时，前面几级加载比应小于 1。
⑧ 压缩试验过程中，使加载杠杆始终保持水平。

A.5　直接剪切试验

1. 土的直接剪切试验

直接剪切试验简称直剪试验，它是测定土的抗剪强度的常用的较简便方法。直剪试验通常采用四个试样，分别在不同的垂直压力作用下，施加水平剪切力进行剪切，取得水平面破坏时的剪应力，再根据库伦强度理论确定土的抗剪强度指标：内摩擦角 ϕ 和粘聚力 C。

由于直剪试验设备简单，受力明确，速度快，因而被岩土工程实践广泛应用。但直剪试验存在明显的不足。如剪应力和剪应变分布不均匀，预定剪切面可能代表性不好，不能控制试样的排水条件等。这些问题，我们已经在第 3 章中阐述清楚。

2. 实验原理和步骤

(1) 实验基本原理。

直接剪切试验的原理是根据库伦定律，土的内摩擦力与剪切面上的法向压力成正比。将土制备成几个土样，分别在不同的法向压力 σ 下，沿固定的剪切面直接施加水平剪力进行剪切，得其剪切破坏时的剪应力，即为抗剪强度 τ_f。然后，根据剪切定律确定土的抗剪强度指标 ϕ 和 C。

直接剪切仪，按施加剪力的方式不同，分为应变控制式和应力控制式两种。应变控制式是通过弹性钢环变形控制剪切位移的速率；应力控制式是通过杠杆用砝码控制施加剪应力的速率，测相应的剪切位移。目前，多用应变控制式；应力控制式，施加砝码时易引起冲击力，使用不多，只适宜作慢剪或长期强度试验。

按土样在荷重作用下压缩及受剪时的排水情况不同，试验方法可分三种。

① 快剪法(或称不排水剪)：即在试样上施加垂直压力后，立即加水平剪切力。在整个试验中，不允许试样的原始含水率有所改变(试样两端敷以隔水纸)，即在试验过程中孔隙水压力保持不变(3～5min 内剪坏)。

② 慢剪法(或称排水剪)：即在加垂直荷重后，使其充分排水(试样两端敷以滤纸)，在土样达到完全固结时，再加水平剪力；每加一次水平剪力后，均需经过一段时间，待土样因剪切引起的孔隙水压力完全消失后，再继续加下一次水平剪力。

③ 固结快剪法：在垂直压力下(对于原状土，相当于土的自重应力)土样完全排水固结稳定后，以很快速度施加水平剪力。在剪切过程中不允许排水(规定在 3～5min 内剪坏)。

由于上述三种实验方法的受力条件不同，所得抗剪强度值也不同。因此，必须根据土所处的实际应力情况来选择试验方法。

(2) 实验操作步骤。

① 切取土样。

按工程的需要，用已知质量、高度和面积的环刀，取相同试样 4～5 个，并测其密度其密度差不应大于 $0.03g/cm^3$，取余土测含水率。

② 检查仪器。

a. 检查竖向和横向传力杠杆是否水平，如不平衡时，调节平衡锤使之水平。

b. 上下销钉和升降螺丝是否失灵。

c. 检查测微表灵敏性。

d. 将上下盒间接触面及盒内表面涂薄层凡士林，以减少摩阻力。

e. 对应变控制式直剪仪，还需检查弹性钢环两端是否能与剪切容器和端承支点接紧。将手轮逆时针方向旋转，使推进器与容器离开，然后将推进器的保险销钉拧开，检查螺勾轮或涡杆与螺丝槽有无脱离现象。

③ 安装试样。

a. 对准上下盒，插入固定销。在盒内放入透水石一块，其上覆隔水蜡纸(快剪)或湿滤纸(固快、慢剪)一张。

b. 顺次加上活塞、钢球及加压框架。

④ 垂直加荷。

每组试验至少取四个试样，在四种不同垂直压力下作剪切试验，垂直压力由现场预期的最大压力决定，一般垂直压力分别为 100kPa、200kPa、300kPa 和 400kPa。各垂直压力可一次轻轻施加；若土质松软，也可分次施加，以防土样挤出。每级垂直荷载下的固结标准如下。

a. 慢剪法和固结快剪法，要求土样垂直变形在每小时内小于 0.005mm，此时才认为固结达到稳定。

b. 快剪法在加垂直荷载后，须立即进行剪切。

⑤ 水平剪切。

对于应变控制式直接剪切仪，转动手轮，使上盒前端钢珠刚好与量力环接触；调整量力环中的测微表读数为零。

施加垂直压力后拔出固定销，开动秒表，固结快剪和快剪法以每分钟 4~12 转均匀速率旋转手轮，使试样在 3~5min 内剪坏。如量力环中测微表指针不再前进，或者显著后退，则表示试样已被剪坏；一般宜剪切至剪切变形达到 4mm，若测微表指针继续前进，则剪切变形应超过 6mm 才能停止。同时，测记手轮转数 n 和量力环测微表读数值，剪切位移 $\Delta L = 20n\text{-}R$ (ΔL 和 R 的单位都为 0.01mm)。

慢剪法剪切速率应小于 0.020~0.025mm/min，一般采用电动装置。

⑥ 拆除仪器。

剪切结束后，测记垂直测微表读数，吸去盒中积水，尽快地依次卸除测微表、荷载、上盒等；必要时，沿剪切面取试样测定剪切后的土样含水率。

3. 实验成果整理

(1) 实验成果整理。

① 计算各级垂直荷重下土的抗剪强度 τ_f 及剪切位移 ΔL (以峰值抗剪强度为准，必要时，绘制剪应力与剪切位移关系曲线，选择抗剪强度)。

对于应变控制式直剪仪

$$\tau_f = C \cdot R \tag{A-7}$$

式中，C——量力环标定系数，MPa/0.01mm;

　　　R——量力环测微表读数，0.01mm。

对于应力控制式直剪仪

$$\tau_f = (F\text{-}f)/A \tag{A-8}$$

式中，F——水平剪切力，$F = QL$，N;

　　　f——剪切盒间的摩擦力，N，其值小于垂直荷重 1%时，可忽略不计;

　　　A——试样面积，cm^2;

　　　Q——施加的砝码重力，N;

　　　L——杠杆比例。

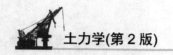

② 绘制 τ_f-σ 关系曲线：以抗剪强度 τ_f 为纵坐标，以垂直压力 σ 为横坐标，绘制 τ_f-σ 关系直线，直线的倾角为土的内摩擦角 ϕ，直线在纵坐标轴上的截距为土的内聚力 C。

实验报告中的数据处理，可按照式(3-20)～式(3-28)进行计算。并要求在 Excel 中得出曲线图形和回归系数，由回归系数得出强度指标参数，并比较两者有无差别。

(2) 实验注意事项和问题讨论。

① 仪器应定期校正检查，保证加荷准确。

② 每组几个试样应是同一层土，密度值不应超过允许误差。

③ 同一组试验应在同一台仪器中进行，以消除仪器误差。

④ 应力式直剪仪，加砝码时应稳妥，避免振动。

A.6　三轴剪切试验

1. 三轴剪切试验

三轴剪切试验被认为是测定土的抗剪强度的一种较完善的方法。与直剪试验相比，三轴剪切试验有以下优点。

① 能控制试验过程中试样的排水条件。

② 能量测试样固结和排水过程中的孔隙压力。

③ 试样内应力分布均匀。

三轴剪切试验能得到不同条件下土的抗剪强度指标和变形参数。根据试验过程中排水条件的不同，将三轴试验分为不固结不排水剪切(UU)、固结不排水剪切(CU)和固结排水剪切(CD)等三种类型。

2. 实验基本原理

三轴剪切试验，是用橡皮膜包封一圆柱状试样，将其置于透明密封容器中，然后向容器中注入液体，并加压力，使试样各方向受到均匀的液体压力(即最小主应力 σ_3)；此后，在试样两端通过活塞杆逐渐施加竖向压力 $\sigma_1 - \sigma_3$，则最大主应力 $\sigma_1 = \sigma_3 + \sigma_1 - \sigma_3$，一直加到试样被破坏时为止。根据极限平衡理论，用破裂时的最大和最小主应力绘制摩尔圆。同一土样，可取三个以上试样，分别在不同周围压力(即最小主应力 σ_3)下，在不同垂直压力(最大主应力 σ_1)作用下剪坏，并在同一坐标中绘制相应的摩尔圆的包络线，此线即为该土的抗剪强度曲线。通常以近似的直线表示，其直线倾角即为内摩擦角 ϕ，在纵轴上的截距即为内聚力 C。

3. 实验仪器设备

应变控制式三轴剪切仪：主要有压力室、轴向加压设备、施加围压系统、体积变化和孔隙压力量测系统(见第 3 章)。

4. 实验步骤

(1) 检查仪器。

① 周围压力的精度，要求达到最大压力的 1%；根据试样的强度大小，选择不同量程的量力环，使最大轴向力的精度不小于 1%。

② 排除孔隙压力测量系统的气泡，首先将零位指示器中水银移入贮槽内，提高量管水头，将孔隙水压力阀及量管阀打开，脱气水自量管向试样座溢出排除其中气泡，或者关闭孔隙压力阀及量管阀，用调压筒加大压力至 0.5MPa，使气泡溶于水，然后迅速打开孔隙压力阀，使压力水冲出底座外，将气泡带走。如此重复数次，即可达到排气的目的。排气完毕后，关闭孔隙压力阀及量管阀，从贮槽中移回水银；然后用调压筒施加压力，要求整个孔隙压力系统在 0.5MPa 压力下，零位指示器的毛管水银上升不超过 3mm 左右。

③ 检查排水管路是否畅通，活塞在轴套内滑动是否正常，连结处有无漏水现象。检查完毕后，关闭周围压力阀、孔隙压力阀和排水阀，以备使用。

④ 检查橡皮膜是否漏气：将膜内充气，扎紧两端，然后在水下检查有无漏气。

(2) 制备试样。

试样分原状土试样和扰动土试样，对原状土样，可直接从原状土中切取；对扰动土样，多用击实法制备。对原状土用下述方法制备试样。

① 如果土样较软弱，则用钢丝锯或削土刀取一稍大于规定尺寸的土柱，放在切土盘的上下圆盘之间，用钢丝锯或削土刀紧靠侧板，由上往下细心切削，边切边转动圆盘，直到试样被削成规定的直径为止，然后削平上下两端(试样高度与直径的比值应为 2.0～2.5)。

如果土样坚硬，可先用削土刀切取一稍大于规定尺寸的土柱，将上下两端削平，按试样所要求的层次方向平放在切土器上。在切土器内壁上涂一薄层凡士林油，将切土器刃口向下对准土样，边削土样边压切土器；将试样取出，按要求高度将两端削平。若试样表面因遇有砾石而成孔洞，允许用土填补。

② 将削好的试样称量，用卡尺测量试样直径 D，并按下式计算试样的平均直径 D。

$$D = \frac{D_1 + 2D_2 + D_3}{4} \tag{A-9}$$

式中，D_1、D_2、D_3 分别为试样上、中、下部位的直径。

取余土，测定含水率和密度(对于同一组原状土，取三个试样，其密度的差值不宜大于 0.03g/cm^3，含水率差值不大于 2%)。

③ 根据土性质和状态及对饱和度的要求，可采用不同的方法进行试样饱和，如水头饱和法和反压力饱和法等。

(3) 安装试样。

不固结不排水剪。

① 将试样放在试样底座的不透水圆板上，在试样顶部放置不透水试样帽。

② 将橡皮膜套在承膜筒内，并将两端翻过来，从吸嘴吸气，使膜紧贴承膜筒内壁，然后套在试样外，放气，翻起橡皮膜，取出承膜筒，用橡皮圈将橡皮膜分别扎紧在试样底座和试样帽上。

③ 装上压力室外罩。安装时，先将活塞提高，以免碰撞试样，然后将活塞对准试样帽中心，并均匀地旋紧螺丝，再将量力环对准活塞。

④ 开排气孔，向压力室充水。当压力室快注满水时，降低进水速度；当水从排气孔溢出时，关闭排气孔。

⑤ 打开周围压力阀，施加所需的周围压力。周围压力的大小，应与工程的实际荷重相适应，并尽可能使最大周围压力与土体的最大实际荷重大致相等。一般可按 0.1MPa、0.2MPa、0.3MPa、0.4MPa 施加。

⑥ 旋转手轮，当量力环的测微表微动时，表示活塞已与试样帽接触，然后将量力环的测微表和变形测微表的指针调整到零位。

固结排水剪。

① 打开孔隙压力阀及量管阀，使试样底座充水排气，并关阀；将煮沸过的透水石滑入试样座上。然后放上湿滤纸，放置试样，试样上端也放一湿滤纸及透水石；在其周围贴上7～9 条宽度为 6mm 左右浸湿的滤纸条，滤纸条两端应与透水石连接。

② 将橡皮膜套在承膜筒内，再将两端翻过来，从吸嘴吸气，使膜紧贴承膜筒内壁，然后套在试样外，放气，翻起橡皮膜，取出承膜筒，将橡皮膜借承膜筒套在试样外，将橡皮膜下端扎紧在试样底座上。

③ 用软刷子或双手自下向上轻轻抚试样，以排除试样与橡皮膜之间的气泡(对饱和软粘土，可以打开孔隙压力阀及量管阀，使水徐徐流入试样与橡皮膜之间，以排除夹气，然后关闭)。

④ 打开排气阀门，使水从试样中徐徐流出，以排除管路中的气泡，并将试样帽置于试样顶端，排除顶端气泡，将橡皮膜扎紧在试样帽上。

⑤ 降低固结排水管，使其水面至试样中心高程以下 20～40cm 处，吸入试样与橡皮膜之间的多余水分，并关闭排水阀门。

⑥ 装上压力室外罩。安装时，应先将活塞提高，以防碰撞试样，然后将活塞对准试样帽中心，并均匀地旋紧螺丝，再将量力环对准活塞。

⑦ 打开排气孔，向压力室充水。当压力室快注满水时，降低进水速度；当水从排水孔溢出时，关闭排气孔。然后，将固结排水管水面置于试样中心高度处，并测记其水面读数。

⑧ 使量管水面位于试样中心高度处，打开量管阀门，用调压筒调整零位指示器的水银面于毛细管指示线，记下孔隙压力表读数，然后关闭量水阀门。

⑨ 打开周围压力阀门，施加所需周围压力；旋转手轮，使量力环内测微表微动，然后将量力环的测微表和变形测微表指针调整到零点。

(4) 固结排水。

① 用调压筒先将孔隙压力表读数调至接近该级周围压力大小，然后徐徐打开孔隙压力阀门，并同时旋转调压筒，使毛细管内水银保持不变；测记稳定后的孔隙压力读数，将其减去孔隙压力起始读数，即为周围压力下试样的起始孔隙压力。

② 在打开排水阀的同时，开动秒表，按 0min、0.25min、1min、4min、9min、16min…时间间隔测记固结排水管水面及孔隙压力表读数。在整个试验过程中，固结排水管水面应置于试样中心高度处，零位指示器的水面应始终保持在原来的位置。当孔隙水压力消散度达到 95%以上时，即认为固结完成。

③ 固结完成后，关闭排水阀门，记下固结排水管和孔隙压力表的读数；然后转动细调手轮，此时量力环测微表开始微动，即为固结下沉量 Δh，依次算出固结后试样高度 h_c。然后，将量力环测微表和垂直测微表变形测微表调至零。

(5) 试样剪切。

不固结不排水剪切

加围压后不固结立即剪切，也称为 UU 试验。

① 开动马达，接上离合器进行剪切，剪切应变速率取每分钟 0.5%～1.0%。开始阶段，试样每产生垂直应变 0.3%～0.4%，测记量力环测微表读数和垂直变形测微表读数各一次；当接近峰值时，应加密读数。如试样特别脆硬或软弱，可酌情加密或减少测读的次数。

② 当出现峰值后，再继续进行试验，使产生 3%～5% 的垂直应变，或剪至总垂直应变达 15% 后停止试验。若量力环读数无明显减少，则垂直应变进行到 20% 时停止试验。

③ 试验结束后，先关围压力阀，关闭马达，拨开离合器，倒转手轮；然后打开排气孔，排去压力室内的水；拆除压力室外罩，揩干试样周围的余水，脱去试样外的橡皮膜；描述破坏后形状，称试样质量，测定试样含水率。

对其余几个试样，在不同围压力下按上法进行剪切试验。

固结不排水剪。

在自重作用下固结(打开排水阀门)，前切时关闭排水阀门，并且量测孔隙压力，也称为 CU 试验。

① 剪切应变速率，应参照下面规定选用：亚粘土每分钟 0.1%～0.5%，一般粘土每分钟 0.1%～0.05%，高密度或高塑性土每分钟小于 0.05%。

② 开动马达，合上离合器，进行剪切。开始阶段，试样每产生垂直应变 0.3%～0.4% 时测记量力环测微表读数和垂直变形测微表读数各一次；当垂直应变达 3% 以后，读数间隔可延长至应变为 0.7%～0.8% 时各记一次；当接近峰值时，应加密或减少测读的次数；同时，测记孔隙压力表读数。剪切过程中，应使零位指示器的水银面始终保持于原来位置。

③ 当出现峰值后，再继续进行试验，使产生 3%～5% 的垂直应变，或剪至总垂直应变达 15% 后停止试验。若量力环读数无明显减少，则应使垂直应变达到 20%。试样剪切停止后，应关孔隙压力阀，并将孔隙压力表退至零位。

其余几个试样，在不同围压作用下，按上法进行剪切试验。

固结排水剪。

在自重作用下固结(打开排水阀门)，前切时也打开排水阀门，也称为 CD 试验。

① 开动马达，进行剪切。一般剪切应变速率采用每分钟应变为 0.012%～0.003%。在剪切过程中，应打开排水阀、量管阀和孔隙压力阀。开始阶段，试样每产生垂直应变 0.3%～0.4% 时测记量力环和垂直变形测微表读数及排水管及量管读数各一次。当垂直应变达 3% 以后，读数间隔可延长至应变为 0.7%～0.8% 各测记一次。当接近峰值时，应加密读数。如果试样特别脆硬或软弱，可酌情加密或减少测读的次数。

② 试验停止后，先关围压力阀，关闭马达，拨开离合器，倒转手轮；然后打开排气孔，排去压力室内的水；拆除压力室外罩，揩干试样周围的余水，脱去试样外的橡皮膜；描述破坏后形状，称试样质量，测试样含水率。

5. 实验成果整理

(1) 实验成果整理。

① 计算固结后试样的高度 h_c、面积 A_c、体积 V_c 及剪切时的面积 A_a。

$$h_0 = h_0 - \Delta h_c \tag{A-10}$$

$$A_c = \frac{V_0 - \Delta V}{h_c} \tag{A-11}$$

式中，h_0——试样起始高度，cm；

    Δh_c——固结下沉量，由轴向变形测微表测得，cm；

    Δh_i——试样剪切时高度变化，由轴向变形测微表测得，cm；

    A_0——试样起始面积，cm^2；

    V_0——试样起始体积，cm^3；

    ΔV——固结排水量，cm^3；

    ΔV_i——排水剪时的试样体积变化，按排水管读数求得，cm^3；

    ε_1——轴向应变，%；不固结不排水剪 $\varepsilon_1 = \dfrac{\Delta h_i}{h_0} \times 100\%$；固结不排水及固结排水剪

$\varepsilon_1 = \dfrac{\Delta h_i}{h_c} \times 100\%$。

  ② 计算主应力差 $(\sigma_1 - \sigma_3)$ 和有效主应力比 (σ_1'/σ_3')

$$\sigma_1 - \sigma_3 = \frac{CR}{A_c} \times 10 \tag{A-12}$$

$$\frac{\sigma_1'}{\sigma_3'} = 1 + \frac{\sigma_1' - \sigma_3'}{\sigma_3'} \tag{A-13}$$

式中，σ_1、σ_3——大主应力和小主应力，MPa；

    σ_1'、σ_3'——有效大主应力和有效小主应力，MPa；

    u——孔隙水压力，MPa；

    C——量力环校正系数，N/0.01mm；

    R——量力环测微表读数，0.01mm。

  ③ 绘制关系曲线。以轴向应变值 ε_1 为横坐标，分别以 $(\sigma_1 - \sigma_3)$、(σ_1'/σ_3')、u 为纵坐标，绘制 $(\sigma_1 - \sigma_3)$ 与 ε_1 的关系曲线及 (σ_1'/σ_3') 与 ε_1 的关系曲线及 u-ε_1 的关系曲线。

  ④ 选择破坏应力值。以 $(\sigma_1 - \sigma_3)$ 与 ε_1 或 (σ_1'/σ_3') 与 ε_1 的关系曲线的峰值相应的主应力差或有效主应力比值作为破坏值。如无峰值，则以应变 ε_1 为15%处的主应力差或有效主应力比值为破坏应力值。

  ⑤ 绘制主应力圆和强度包络线。以法向应力 σ 为横坐标，以剪应力 τ 为纵坐标，在横坐标上以 $(\sigma_{1f} + \sigma_{3f})/2$ 为圆心，以 $(\sigma_{1f} - \sigma_{3f})/2$ 为半径(下角标 f 表示破损时的最大、最小主应力)，绘制破损总应力圆。在绘制不同周围压力下的应力圆后，做诸圆的包络线。该包络线的倾角即为内摩擦角 ϕ_u 或 ϕ_{cu}；包络线在纵轴的截距即为内聚力 C_u 或 C_{cu}。

  实验报告中的数据处理，还要求按照式(3-29)～式(3-33)进行计算。并要求在 Excel 中得出曲线图形和回归系数，由回归系数得出强度指标参数，并比较上述三者有无差别。

  ⑥ 计算孔隙水压力系数 B、A。根据固结压力和测得的孔隙压力，以及剪切时测得的剪切应力差和孔隙压力，按照下式分别计算出孔隙压力系数 B 和 A：

$$\Delta u = B \Delta \sigma_3 + AB(\Delta \sigma_1 - \Delta \sigma_3) \tag{A-14}$$

(2) 实验注意事项及问题讨论。

① 三轴剪切试验根据固结和剪切过程中的排水情况,分为三种试验方式,它们得到的总强度指标有很大差别,对于日后在岩土工程实践中应该注意根据工程特点,选用不同的最符合实际情况的试验成果。

② 由于固结排水剪需要很长时间,对于一般工程问题常采用固结不排水剪和不固结不排水剪强度指标。

③ 实用上,常用固结不排水剪所得到的总强度指标来表示土的不排水强度指标,用有效强度指标代替固结排水剪切强度指标。

④ 三轴试验中的孔压量测和排水量量测是难点,不易量测准确,实验时应加以特别注意。

⑤ 三轴排水剪试验中,若要量测体变,要求为饱和试样。若饱和度不够,需施加反压饱和,反饱和方法见规范。

研究动态:可在频率为 2Hz(或 10Hz)、轴向压力为 40kN、试样直径为 38mm、50mm、70mm、与 100mm 的情况下完成动三轴试验的三轴测试系统(附图 A.4)。

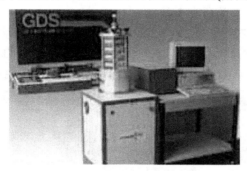

附图 A.4　三轴测试系统

附录 B Visual Basic 应用

B.1 Visual Basic 简介

Visual Basic 所做的很多事情一点也不简单。它是一种强大的语言，即您所能想到的编程任务，它基本都能完成。当然要想成为大师还需要学很多的东西，但只要学会了 Visual Basic 的基础知识，创造力就将迅速得到充分的发挥。

一旦了解 Visual Basic 的基础，就要准备迎接新的更大挑战。那么，到底能用 Visual Basic 干什么呢？也许应该问不能用它干什么更恰当一些。答案是：没有什么不能干的！从设计新型的用户界面到利用其他应用程序的对象、从处理文字图像到使用数据库，Visual Basic 提供了完成这些工作的所有工具。

当你的计算机已经安装好 Visual Basic 6.0 以上版本后，启动它，选择"新建"、"标准 EXE"后就会出现下面的启动界面，如附图 B.1 所示。此时的工程名称为默认名"工程 1-Form1(form)"，窗体默认名为"Form1"，它们都可另存为其他名称。

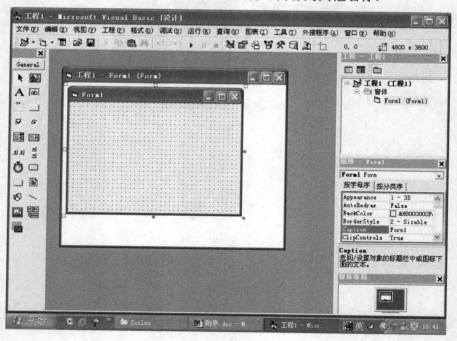

附图 B.1 Visual Basic 6.0 启动界面

然后用鼠标在左边竖向的工具图标里选择"Commandbutton"命令按钮在窗体 Form1 上画出一个矩形，程序在 Form1 上形成一个命令按钮"Command1"，它可以修改为其他名称，如"计算"等。还可以用同样的方法选择文字框"Textbox"按钮和其他按钮，如附图 B.2 所示，文字框按钮的缺省名为"Text1"。

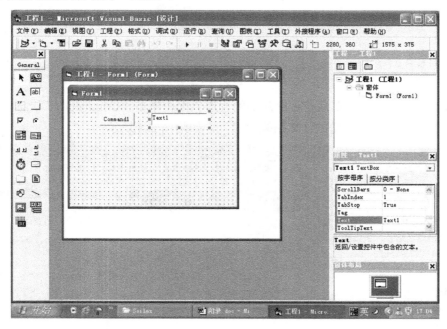

附图 B.2 Visual Basic 6.0 窗体示意图

此时可在命令按钮"Command1"用鼠标双击，界面会自动弹出代码窗体和命令按钮的代码区。以后也可在界面的右边单击代码按钮，进入这一界面，查看代码，如附图 B.3 所示。

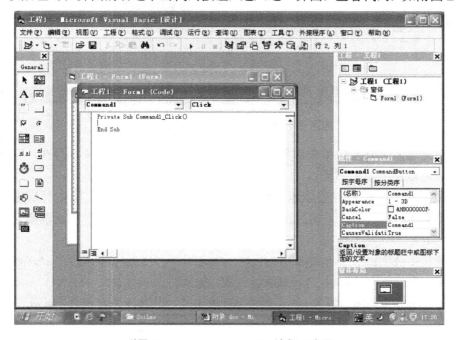

附图 B.3 Visual Basic 6.0 编程示意图

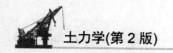

至此，我们可以开始编写代码，指令计算机按照我们的意图进行工作了。我们在"Command1"代码区写入如下代码。

```
a = 8
b = 3
c = a + b
Text1.Text = c
```

单击"运行"按钮，在运行程序启动的程序界面中单击"Command1"此时"Text1"文字框中的文字变为 C 变量的计算结果"11"，如附图 B.4 所示。

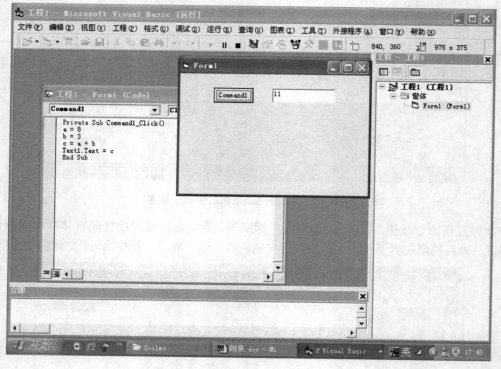

附图 B.4　Visual Basic 6.0 编程示意图

上面就是 Visual Basic 6.0 的大概步骤，它还可以将界面设计为菜单形式，有关的基本知识，我们可以参考相关书籍。

下面我们给出一个较完整的地基承载力计算程序的编制过程。首先重新建立一个标准窗体，命名为"cheng1"，然后在"属性"窗口，将其"Caption"属性设置为"承载力计算"。

在工具栏中分别将 8 个标签控件 Label1，Label2，…，Label8 添加到"cheng1"的窗体中，其属性见表 B-1。也可将控件设成数组形式，如添加 Label9(0)，Label9(1)，…，Label9(5)等。再添加三个命令按钮，其 Caption 属性见附表 B-2，其属性如附图 B.5 所示。

附表 B-1 标签控件 Caption 属性设置

控 件	Caption 属性
Label1	基础长(m)
Label2	基础宽(m)
Label3	基础埋深(m)
Label4	土的重度 γ_0 (kN/m^3)
Label5	基底土 γ_d (kN/m^3)
Label6	内聚力(kPa)
Label7	内摩擦角(°)
Label8	安全系数(Fs)

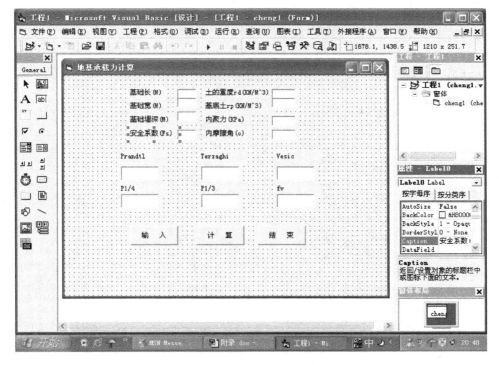

附图 B.5 Visual Basic 6.0 控件示意图

附表 B-2 标签控件 Caption 属性设置

控 件	Caption 属性
Command1	输入
Command1	计算
Command1	结束
Label9(0)	Prandtl (kPa)
Label9(1)	Terzaghi (kPa)

控件	Caption 属性
Label9(2)	Vesic (kPa)

续表

控　　件	Caption 属性
Label9(3)	$P_{1/4}$ (kPa)
Label9(4)	$P_{1/3}$ (kPa)
Label9(5)	f_v (kPa)

然后在各个标签控件的后面分别添加 14 个文本框控件，其名称分别为 Text1，Text2，…，Text8，Text9(0)，Text 9(1)，…，Text 9(5)，其文字设置为空，如附图 B.5 所示。

双击"输入"控件(按钮)，程序自动进入代码窗口，添加如下代码：

```
Private Sub Command1_Click()
Text1.Visible = True
 Text2.Visible = True
 Text3.Visible = True
 Text4.Visible = True
 Text5.Visible = True
 Text6.Visible = True
 Text7.Visible = True
 Text8.Visible = True
 Label9(0).Visible = False
 Label9(1).Visible = False
 Label9(2).Visible = False
 Label9(3).Visible = False
 Label9(4).Visible = False
 Label9(5).Visible = False
 Label1(1).Visible = True
 Label2.Visible = True
 Label3.Visible = True
 Label4.Visible = True
 Label5.Visible = True
 Label6.Visible = True
 Label7.Visible = True
 Label8.Visible = True
 Text9(0).Visible = False
 Text9(1).Visible = False
 Text9(2).Visible = False
 Text9(3).Visible = False
 Text9(4).Visible = False
 Text9(5).Visible = False
End Sub
```

上述代码是将窗体界面上的控件，设置为输入数据时为可见或不可见。

回到控件窗体，双击"计算"控件，程序自动进入代码窗口的 Command2 的代码区，在 Command2 代码区添加如下代码：

```
Private Sub Command2_Click()
fs = 2.5
 l = Val(Text1.Text)
 b = Val(Text2.Text)
 d = Val(Text3.Text)
 rd = Val(Text4.Text)
 rb = Val(Text5.Text)
 c = Val(Text6.Text)
 g = Val(Text7.Text)
 fs = Val(Text8.Text)
gg = g
If g >= 24 Then gg = g + 9 * (g - 24) / 8
If g > 34 Then gg = g + 10
105 pi = 3.14159: CH$ = "......": S$ = "formula"
110 g = g / 180 * pi: TG = Tan(g): SG = Sin(g)
115 T4 = Tan(g / 2 + pi / 4)
gg = gg / 180 * pi: TGG = Tan(gg): SGG = Sin(gg)
T44 = Tan(gg / 2 + pi / 4)
120 p$ = "prandtl": KK = 0
125 nd = (1 + SG) / (1 - SG) * Exp(pi * TG)
130 nc = (nd - 1) / TG
135 nb = (3 * TG * T4 - 1) * Exp(3 * TG / 2) + 3 * TG + T4
140 nb = nb * (1 + T4 * T4) / (1 + 9 * TG * TG)
145 nb = nb + 2 * Exp(3 * pi * TG / 2) * T4 * T4 - 2 * T4
150 nb = nb / 4
155 GoSub 500: pr = pu
165 p$ = "caquat": KK = 0
170 nb = Exp(3 * pi * TG / 2) * (1 + SG) / (1 - SG) / 2
175 GoSub 500: CA = pu
185 p$ = "ONDE": KK = 0
190 nb = (1 + 1 / TG) / 2 * (0.795 + 10 ^ (2.5 * TG))
195 GoSub 500: OD = pu
205 p$ = "KOPACSY": KK = 0
210 A1 = Exp(3 * pi * TG / 2) * (1 + 3 * SG + 2 * SG * SG)
215 A2 = (1 - 2 * SG) * Cos(g)
220 nb = (A1 + A2) * 2 * SG / ((1 - SG) * (1 + 8 * SG * SG))
225 GoSub 500: KOP = pu
235 p$ = "HANSEN": KK = 0
240 nb = 1.8 * (nd - 1) * TG
245 GoSub 500: HAN = pu
255 p$ = "VESIC": KK = 0
```

```
265 nd = T4 * T4 * Exp(pi * TG)
266 SC = 1 + b / l * nd / nc: SB = 1 - 0.4 * b / l: SD = 1 + b / l * TG
270 nc = (nd - 1) / TG
280 nb = 2 * (nd + 1) * TG
282 nd = nd * SD: nc = nc * SC: nb = nb * SB
285 GoSub 500: ve = pu
295 p$ = "TERZAGHI": KK = 0
300 nd = Exp((3 / 4 * pi - g / 2) * TG) / Cos(pi / 4 + g / 2)
305 nd = nd * nd / 2
310 nc = (nd - 1) / TG
315 nb = 1.8 * (nd - 1) * TG
320 GoSub 500: tez = pu
330 p$ = "SKEMPTON": KK = 1
335 nd = 1: nb = 0
340 nc = 5 * (1 + b / l / 5) * (1 + d / b / 5)
345 GoSub 500: SKEMP = pu
355 p$ = "PCR": KK = 1
360 nd = 1 + pi / (1 / TG - pi / 2 + g)
365 nc = (nd - 1) / TG
370 GoSub 500: PC = pu
380 p$ = "P1/4"
385 nb = (nd - 1) / 2
390 GoSub 500: p4 = pu
'fv
Md = 1 + pi / (1 / TGG - pi / 2 + gg)
nb = (Md - 1) / 2
GoSub 500: F = pu
400 p$ = "P1/3"
405 nb = 2 * (nd - 1) / 3
410 GoSub 500: p3 = pu
'420 Print "PR="; pr; "CA="; CA; "OND="; OD; "KOPACSY="; KOP; "HANSEN="; -HAN
'425 Print "VESIC="; VE; "TERZAGHI="; TEZ; "SKEMPTON="; SKEMP
'430 Print "PCR="; PC, "P1/4="; P4, "P1/3="; P3
 Text9(0).Visible = True
 Text9(1).Visible = True
 Text9(2).Visible = True
 Text9(3).Visible = True
 Text9(4).Visible = True
 Text9(5).Visible = True
 Text9(0).Text = pr
 Text9(1).Text = tez
 Text9(2).Text = ve
 Text9(3).Text = p4
```

```
Text9(4).Text = p3
Text9(5).Text = F
Label19(0).Visible = True
Label19(1).Visible = True
Label19(2).Visible = True
Label19(3).Visible = True
Label19(4).Visible = True
Label19(5).Visible = True
Label1(1).Visible = False
Text1.Visible = False
Text2.Visible = False
Text3.Visible = False
Text4.Visible = False
Text5.Visible = False
Text6.Visible = False
Text7.Visible = False
Text8.Visible = False
Label1(1).Visible = False
Label2.Visible = False
Label3.Visible = False
Label4.Visible = False
Label5.Visible = False
Label6.Visible = False
Label7.Visible = False
Label8.Visible = False
480 GoTo 600
500 Rem'SUBPRO
505 pu = rb * b * nb / 2 + nd * rd * d + c * nc
510 If KK = 0 Then pu = pu / fs
pu = Format(pu, "#.#")
515 Return
600 rem 结束
End Sub
```

用同样的方法，在 Command3 的代码区添加 "End"，如下所示。

```
Private Sub Command3_Click()
End
End Sub
```

至此，我们已经完成了地基承载力计算的完整程序，运行该程序，单击 "输入" 按钮，即可得到如附图 B.6 所示的程序界面，在各相关文字框中输入相应的基础长、宽…等数据，再单击 "计算" 按钮，得到如附图 B.7 所示的计算结果。

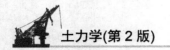

同样，我们也可以用 VB 6.0 编辑 Word 文件，设计多媒体等。

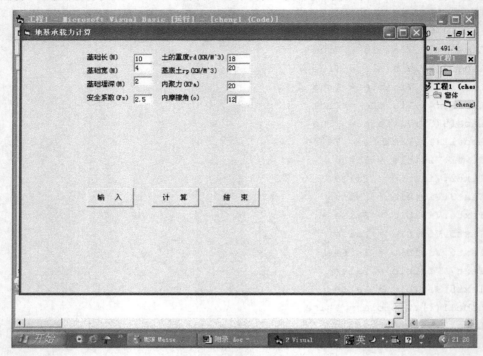

附图 B.6　地基承载力输入界面

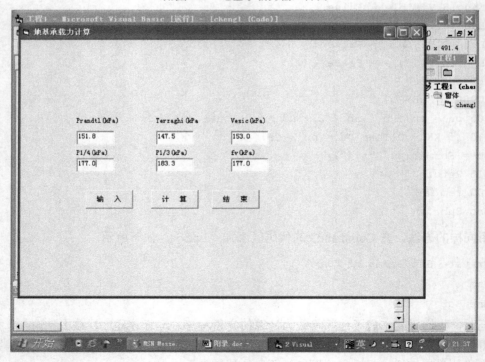

附图 B.7　Visual Basic 6.0 控件示意图

附录 C 习题参考答案

第 1 章

2. (1) 对 ($I_{pA} = 18$, $I_{pB} = 5$)
   (2) 否 ($\gamma_{dA} = 16.7\ \text{kN/m}^3$, $\gamma_{dB} = 19.3\ \text{kN/m}^3$)
   (3) 否 ($e_A = 0.63$, $e_B = 0.39$)

3. $e = 0.89$, $\gamma_d = 14.2\ \text{kN/m}^3$, $\gamma_{sat} = 19\ \text{kN/m}^3$, $I_l = 0.75$, 粉质粘土、可塑状态

第 2 章

1. $\gamma_d = 13\ \text{kN/m}^3$, $D_r = 0.28$, 松散状态
   $k_V = 2.2 \times 10^{-5}\ \text{cm/s}$, $Q_V = 25/45 \times 2.2 \times 10^{-5} \times 45 \times 45 = 0.025\ \text{cm/s}^3$
   $k_H = 0.91 \times 10^{-2}\ \text{cm/s}$, $Q_H = 25/45 \times 0.91 \times 10^{-2} \times 45 \times 45 = 10.2\ \text{cm/s}^3$
   $\Delta h_{AB} = 25/45 \times 2.2 \times 10^{-5} \times 20/2/10^{-2} = 0.01\ \text{cm}$
   $\Delta h_{BC} = 25/45 \times 2.2 \times 10^{-5} \times 20/4/10^{-4} = 0.61\ \text{cm}$
   $\Delta h_{CD} = 25/45 \times 2.2 \times 10^{-5} \times 20/2.5/10^{-6} = 24.4\ \text{cm}$
   $h_A = 75\ \text{cm}$, $h_B = 74.99\ \text{cm}$, $h_C = 74.38\ \text{cm}$, $h_D = 50\ \text{cm}$

2. $q = 4.5 \times 10^{-5} \times 6.0 \times 7/13 = 14.54 \times 10^{-5}\ \text{m}^3/\text{s}$
   $H_p = 12.5 - 1.7/13 = 11.7\ \text{m}$, $H_Q = 12.5 - 10.5/13 = 7.7\ \text{m}$
   基坑底 $i = 6/13/0.8 = 0.54$, 临界水力坡降为 $i_{cr} = (18.5 - 10)/10 = 0.85$, 不会发生流土

3. $a_{1-2} = 0.14\ \text{MPa}^{-1}$, $a = 0.1\ \text{MPa}^{-1}$, $E_s = 16.0\ \text{MPa}$, 中压缩性

4. $W_s = 16.3 \times 3 \times 10^5$, $V_0 = W_s/17.0$
   设填土 $V = 1\ \text{m}^3$, $W_{w2} = 19\% \times W_s = 19\% \times 16.3 \times 1$, $W_{w1} = 12\% \times 16.3$,
   $\Delta W_w = 0.07 \times 16.3 \times 0.2$

第 3 章

2. 作图法: $C_{cu} = 8\ \text{kPa}$, $\phi_{cu} = 18°$, $C' = 3\ \text{kPa}$, $\phi' = 28°$
   概率统计法: $\Delta = 125\,715.5$, $C_{cu} = 7.87\ \text{kPa}$, $\phi_{cu} = 18.01°$
   $\Delta' = 54\,436.5$, $C' = 2.96\ \text{kPa}$, $\phi' = 28.2°$

3. $\Delta = 121\,850$, $C_{cu} = 8.6\ \text{kPa}$, $\phi_{cu} = 17.4°$
   $\Delta' = 57\,150$, $C' = 17.9\ \text{kPa}$, $\phi' = 25.8°$, 设 $B = 1.0$, $A_f = 0.59, 0.60, 0.55$

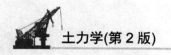

4. (1) $\sigma_{1f}=260\text{ kPa}$，$\sigma_f=230\text{ kPa}$，$\tau_f=30\text{ kPa}$，$\alpha=45°$

 (2) $\sigma'_{3f}=200\text{ kPa}$，$\sigma'_{1f}=512.2\text{ kPa}$，$\sigma_f=287.7\text{ kPa}$，$\tau_f=140.3\text{ kPa}$，$\alpha=58°$

第 4 章

1. $\sigma_{cz1}=34.0\text{ kPa}$，$\sigma_{cz2}=106.2\text{ kPa}$，$\sigma_{cz3}=140.6\text{ kPa}$，$\sigma_{cz4}=159.8\text{ kPa}$

2. σ_{cz1}，σ_{cz2}，σ_{cz3} 同上题，但岩层顶面处为 221.8 kPa

6. 18.85 kPa

7. A 点 $\sigma_z=66.24\text{ kPa}$

第 5 章

1. 60.3mm

2. 126.2mm

3. 122.6mm；3.2 年；218mm

第 6 章

1. $P_{cr}=152.8\text{ kPa}$ ；$p_{1/4}=181.4\text{ kPa}$

2. 271.2kPa；321.4kPa；282.6kPa

3. 280.4kPa

4. 142.6kPa；197.9kPa

5. 259.9kPa

第 7 章

2. $\sigma_{1a}=-31.2\text{ kPa}$，$\sigma_{2a}=-20.9\text{ kPa}$，$\sigma'_{2a}=-12.9\text{ kPa}$，$\sigma_{3a}=6.3\text{ kPa}$，$\sigma_{4a}=29.1\text{ kPa}$

3. $E_a=115.6\text{ kN/m}$，作用点力墙底 $z_f=1.47\text{ m}$

4. 189.3 kN/m，378.6 kN，1.27 m，增加钢板宽度或者地面堆载

第 8 章

9. 砂性土坡安全系数 $K=\dfrac{\tan\phi}{\tan\theta}$，可知两种情况下安全系数分别为：1.08；1.72

10. 1.9m

11. 1.24

12. 费伦纽斯法为 0.74，毕晓普法为 0.91

参 考 文 献

[1] 刘晓立. 土力学与地基基础[M]. 2版. 北京：科学出版社，2003.

[2] 杨小平. 土力学[M]. 广州：华南理工大学出版社，2001.

[3] 钱家欢. 土力学[M]. 2版. 南京：河海大学出版社，1995.

[4] 杨进良. 土力学[M]. 2版. 北京：中国水利水电出版社，2002.

[5] 王成华. 土力学原理[M]. 天津：天津大学出版社，2001.

[6] 赵树德. 土力学[M]. 北京：高等教育出版社，1996.

[7] 钱家欢. 土工原理与计算[M]. 北京：中国水利水电出版社，1996.

[8] 陈促颐. 土力学[M]. 北京：清华大学出版社，1994.

[9] 赵明华. 土力学与基础工程[M]. 武汉：武汉大学出版社，2000.

[10] 冯国栋. 土力学[M]. 北京：中国水利水电出版社，1996.